Schriftenreihe aus dem Institut für Strömungsmechanik

Herausgeber
J. Fröhlich, S. Odenbach, K. Vogeler

Institut für Strömungsmechanik
Technische Universität Dresden
D-01062 Dresden

Band 9

Fabian Schlegel

Die numerische Untersuchung der turbulenten Strömung in heterogenen Waldbeständen unter Verwendung hochauflösender Vegetationsdaten

TUD*press*
2014

Die vorliegende Arbeit wurde am 30. September 2013 an der Fakultät Maschinenwesen der Technischen Universität Dresden als Dissertation eingereicht und am 14. April 2014 erfolgreich verteidigt.

This work was submitted as a PhD thesis to the Faculty of Mechanical Science and Engineering of TU Dresden on 30 September 2013 and successfully defended on 14 April 2014.

Gutachter | Reviewers
Prof. (em.) Dr.-Ing. Roger Grundmann, TU Dresden
Prof. Dr. phil. Dr. rer. nat. habil. Christian Bernhofer, TU Dresden

Bibliografische Information der Deutschen Nationalbibliothek
Die Deutsche Nationalbibliothek verzeichnet diese Publikation in der Deutschen Nationalbibliografie; detaillierte bibliografische Daten sind im Internet über http://dnb.d-nb.de abrufbar.

Bibliographic information published by the Deutsche Nationalbibliothek
The Deutsche Nationalbibliothek lists this publication in the Deutsche Nationalbibliografie; detailed bibliographic data are available in the Internet at http://dnb.d-nb.de.

ISBN 978-3-944331-63-8

Verlag der Wissenschaften GmbH
Bergstr. 70 | D-01069 Dresden
Tel.: 0351/47 96 97 20 | Fax: 0351/47 96 08 19
http://www.tudpress.de

Gesetzt vom Autor. | Typeset by the author.
Printed in Germany.

Die numerische Untersuchung der turbulenten Strömung in heterogenen Waldbeständen unter Verwendung hochauflösender Vegetationsdaten

Von der Fakultät Maschinenwesen

der

Technischen Universität Dresden

zur

Erlangung des akademischen Grades

Doktoringenieur (Dr.-Ing.)

angenommene Dissertation

Dipl.-Ing. Schlegel, Fabian

geboren am 17. Februar 1982 in Rochlitz

Tag der Einreichung:	30. September 2013
Tag der Verteidigung:	14. April 2014
Gutachter:	Prof. (em.) Dr.-Ing. Roger Grundmann Prof. Dr. phil. Dr. rer. nat. habil. Christian Bernhofer
Vorsitzender der Promotionskommission:	Prof. Dr.-Ing. habil. Jochen Fröhlich

Die Arbeit entstand während meiner Tätigkeit als wissenschaftlicher Mitarbeiter am Institut für Luft- und Raumfahrttechnik und später am Institut für Strömungsmechanik der Technischen Universität Dresden. Finanziert wurde meine Forschung durch die Deutsche Forschungsgemeinschaft über das Schwerpunktprogramm 1276 Metström: „Skalenübergreifende Modellierung in der Strömungsmechanik und Meteorologie“.

Herzlich bedanken möchte ich mich bei meinem Doktorvater Herrn Prof. Roger Grundmann. Mit seiner ansteckenden Begeisterung und seinem regen Interesse an der Forschung bereitete er die Grundlage für die vorliegende Arbeit. Er gewährte mir den notwendigen Freiraum bei der Ausgestaltung des Themas und bestärkte mich, auch in schwierigen Momenten meinen eigenen Weg zu gehen.

Bei Prof. Christian Bernhofer bedanke ich mich für das Lesen meiner Dissertation und für die Übernahme des Zweitgutachtens.

Herrn PD Dr. Jörg Stiller, meinem Projektleiter, gebührt die Anerkennung für seine fachliche Betreuung und seine Unterstützung während meiner Zeit als wissenschaftlicher Mitarbeiter. Gemeinsam mit Prof. Jochen Fröhlich ermöglichte er mir einen mehrmonatigen Auslandsaufenthalt in den Vereinigten Staaten von Amerika. In diesem Zusammenhang bedanke ich mich ebenfalls bei Prof. Gil Bohrer und Dr. Renato Frasson für die gewährte Gastfreundschaft.

Meine Dankbarkeit gilt den Projektleitern und den Projektbearbeitern des Teilprojektes „Turbulente Austauschprozesse zwischen Waldflächen und der Atmosphäre“ im Schwerpunktprogramm 1276 Metström. Besonders die freundschaftliche Zusammenarbeit mit Frau Dr. Bienert und Herrn Dr. Queck hat mir sehr viel Freude bereitet und gestattete mir einen Blick über den Tellerrand der Strömungsmechanik hinaus in das Fachgebiet der Photogrammetrie und der Meteorologie.

Den Kollegen und Kolleginnen an der Professur für Thermofluiddynamik / Angewandte Aerodynamik von Herrn Prof. Roger Grundmann und der Professur für Strömungsmechanik von Herrn Prof. Jochen Fröhlich danke ich für die freundliche Zusammenarbeit und die gute Arbeitsatmosphäre. Mein Dank gilt ebenfalls den Mitarbeitern des Zentrums für Informationsdienste und Hochleistungsrechnen für die Unterstützung bei der Durchführung der numerischen Simulationen.

Besonders zu Dank verpflichtet bin ich Frau Dr. Kristina Koal und Herrn Dr. Andreas Richter. Ohne die intensiven Diskussionen, ihre fachliche Unterstützung, die Anregungen beim Zusammenstellen der Ergebnisse und nicht zuletzt die beständige Ermutigung wäre die vorliegende Arbeit nicht möglich gewesen.

Zum Schluss möchte ich mich bei meinen Eltern, Frau Dr. Susanne Schlegel und Herr Mario Schlegel, sowie bei meiner Schwester Franziska Schlegel bedanken. Mit ihrem Verständnis und ihrer Motivation haben sie entscheidend zum Gelingen der Arbeit beigetragen.

Fabian Schlegel

Inhaltsverzeichnis

1 Einleitung

„As we all know, our human history and civilizations have always been intertwined with trees and forests: the way we use them, relate to them, protect and conserve them, and the way they enhance our spiritual, cultural and social well-being.“[1] Mit diesen mahnenden Worten erinnert uns die Friedensnobelpreisträgerin Wangari Muta Maathai (1940 – 2011) an die Bedeutung des Waldes für uns Menschen und daran, dass wir eine große Verantwortung ihm gegenüber haben. Sie eröffnete damit ihre Festrede und erklärte das Jahr 2011 im Namen der Vereinten Nationen zum internationalen Jahr der Wälder, welches nicht ohne Grund unter dem Motto „Forests for People“ stand.

Einstmals bedeckten die Wälder über Jahrmillionen nahezu die gesamte Landoberfläche, und erst als die Menschheit in der Jungsteinzeit um 3000 v. Chr. anfing sesshaft zu werden, setzte sie mit ihrem Bedarf nach Ackerflächen und Brennholz einen verhängnisvollen Prozess in Gang, der bis in die heutige Zeit andauert. Mit dem Beginn der Bronzezeit intensivierten sich die Rodungen, da für die Erzschmelzen enorme Mengen an Holz notwendig waren. Heutzutage sind lediglich 31% der Landoberfläche mit Wäldern bedeckt (Abbildung 1.1) und es gehen weiterhin jährlich über 13 Millionen Hektar, vorwiegend in Schwellenländern wie Brasilien und Indonesien, durch Abholzung und Kahlschlag verloren (Food and Agriculture Organization of the United Nations, 2010). Aber es gibt gute Nachrichten für unseren Wald. Denn Anfang des 18. Jahrhunderts setzte in Europa ein Umdenken ein und man erkannte seine Bedeutung als Wirtschaftsfaktor und darüber hinaus in der jüngeren Vergangenheit ebenfalls als nachwachsende, klimaneutrale Alternative zu fossilen Energieträgern. In Zahlen ausgedrückt werden derzeit über 95% der 11,1 Millionen Hektar deutschen Waldes für wirtschaftliche Zwecke genutzt (Bundesministerium für Ernährung, Landwirtschaft und Verbraucherschutz, 2009). Herbeigeführt hat diesen Wandel in der Denkweise die große Holznot Ende des 17. Jahrhunderts. Das starke Bevölkerungswachstum im ausgehenden Mittelalter und die großen europäischem Kriege (zum Beispiel der Dreißigjährige Krieg von 1618 bis 1648) hatten zu einem verhängnisvollen Kahlschlag geführt und weite Teile der Bevölkerung litten unter Holzmangel (Schwappach, 1886, 1888). Es verwundert daher nicht, dass bereits 1713 der sächsische Adlige und Oberberghauptmann Hans Carl von Carlowitz (1645 – 1714) mit der Veröffentlichung der Sylvicultura Oeconomica den Begriff der Nachhaltigkeit prägte. Seinem fundamentalen Werk gingen zahlreiche Studienreisen durch ganz Europa voraus – eine große Herausforderung zur damaligen Zeit – und er gilt als Begründer der modernen Forstwirtschaft. Es markiert gleichfalls den Beginn einer geordneten Aufforstung in Deutschland und weiten Teilen Europas. Obwohl man zunächst überwiegend Monokulturen aus schnell wachsenden Kiefern und Fichten anpflanzte, war die Aufforstung ein vorteilhafter Prozess, der bis in die Gegenwart andauert. Allein in den letzten 40 Jahren hat sich die Waldfläche in Deutschland um über eine Million Hektar vergrößert (Bundesministerium für Ernährung, Landwirtschaft und Verbraucherschutz, 2009).

Sieht man einmal vom wirtschaftlichen Nutzen des Waldes ab, so bietet er Lebensraum und Schutz für eine reichhaltige Flora und Fauna, spielt eine entscheidende Rolle in den globalen Wasser- und Stoffkreisläufen, stabilisiert die Böden, agiert als natürliche

[1] United Nations, Department of Public Information, Web Services Section (2011)

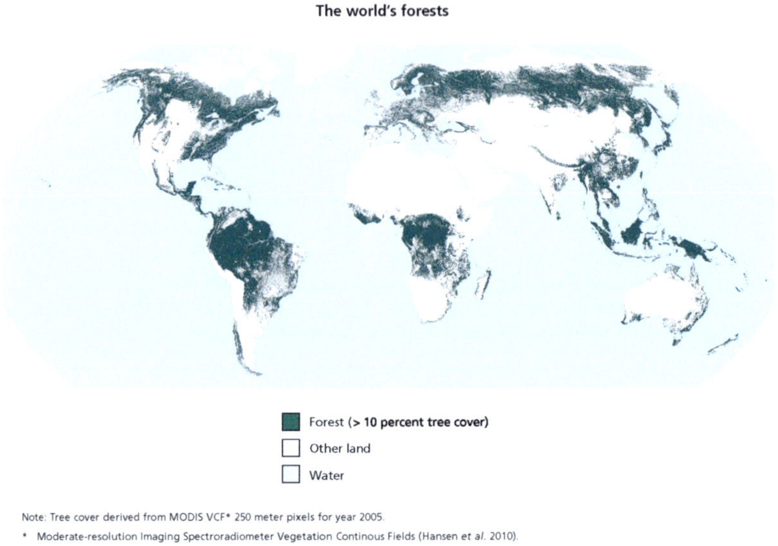

Abbildung 1.1: Bedeckung der Landoberfläche der Erde mit Wäldern im Jahr 2005. Die Darstellung basiert auf Daten des Moderate Resolution Imaging Spectroradiometer (MODIS) an Bord der amerikanischen Satelliten Terra und Aqua (Hansen et al., 2010). Die Auflösung beträgt 250 m. © Food and Agriculture Organization of the United Nations.

Klimaanlage und filtert Staub und Schadstoffe aus der Luft, aus dem Regen- und aus dem Schmelzwasser heraus. Viele Menschen profitieren außerdem von seiner Ruhe, die er in unseren hektischen Alltag bringt. Der Schriftsteller Erich Kästner (1899 – 1974) findet in seinem Gedicht „Die Wälder schweigen“ dafür die passenden Worte: „Die Seele wird vom Pflastertreten krumm. Mit Bäumen kann man wie mit Brüdern reden und tauscht bei ihnen seine Seele um. Die Wälder schweigen. Doch sie sind nicht stumm.“ (Kästner, 1977, Seite 38).

Im 19. Jahrhundert entwickelt sich mit der Forstwissenschaft ein eigenständiger Forschungsbereich, der den Wald in sein Zentrum rückt. Den Anfang machen Georg Ludwig Hartig (1763 – 1837) und Heinrich von Cotta (1763 – 1844), die damit den Grundstein für eine mehr als 200-jährige forstwirtschaftliche und -wissenschaftliche Tradition in Deutschland legen. Heinrich von Cotta gründete zudem 1811 die forstliche Lehranstalt Tharandt, heute ein Teil der Technischen Universität Dresden (Schwappach, 1886, 1888). Im Mittelpunkt der interdisziplinären Forschung aus Meteorologen, Strömungsmechanikern, Ökologen, Forst- und Agrarwissenschaftlern, Bodenkundlern, Chemikern und Hydrologen steht der Austausch und Transport von Kohlendioxid, Sauerstoff, Spurenstoffen, Mineralien und Energie zwischen den unzähligen Blättern, Zweigen, Ästen, Stämmen und Wurzeln und der Erdatmosphäre (Pretzsch, 2010). Das turbulente Windfeld spielt dabei für viele der stattfindenden Prozesse eine große Rolle und wirkt sich unter anderem auf die Blatttemperatur, den Gasaustausch und den Lichteinfall aus. Dies wiederum sind zentrale Einflussfaktoren für die lebenswichtige Fotosynthese (Stokes et al., 2006), mit deren Hilfe die Pflanzen in der Lage sind, aus Kohlendioxid und Sonnenlicht Kohlenstoff für das eigene Wachstum und Sauerstoff zu produzieren. Dadurch speichern die weltweiten Wälder über 652 Milliarden Tonnen Kohlenstoff (Food and Agriculture Organization of the United Nations, 2010), und allein die deutschen Wäldern nehmen jährlich bis zu 22 Millionen Tonnen auf (Bundesministerium für Ernährung, Landwirtschaft und Verbraucherschutz, 2009).

Allerdings hat die Wechselwirkung zwischen der Atmosphäre und der Vegetation nicht nur positive Folgen für den Wald. Gefahren drohen ihm unter anderem in Form von Sturmschäden, was vor allem für die Wirtschaft von Belang ist. Allein der Orkan Kyrill verursache im Jahr 2007 in Deutschland mehr als 40 Millionen Kubikmeter Sturmholz, was ungefähr 65% des jährlichen Holzeinschlags entspricht (Bundesministerium für Ernährung, Landwirtschaft und Verbraucherschutz, 2009). Darüber hinaus sind Feuer eine stetige Gefahr für den Wald (Linn et al., 2013; Morvan, 2011; Seto et al., 2013). In den Jahren 2003 bis 2007 registrierten die Vereinten Nationen weltweit insgesamt 487 000 Waldbrände auf einer Fläche von über 38 Millionen Hektar (Food and Agriculture Organization of the United Nations, 2010). Eine zentrale Rolle bei deren Ausbreitung und Bekämpfung spielt der Wind. Mit seiner Hilfe sind Großfeuer in der Lage, künstlich angelegte und natürliche Barrieren zu überwinden. Ein mahnendes Beispiel lieferte der historische Waldbrand in der Lüneburger Heide, als die Flammenwand spielend Brandschneisen, Bahnstrecken und sogar den 200 m breiten Elbeseitenkanal überwand und am Ende 8 000 Hektar Wald vernichtete (Der Spiegel, 1975). Wesentlich beschaulicher, aber nicht minder bedeutsam sind die Auswirkungen des Windes hingegen in einem intakten Bestand. Hier sorgt er für den lebenswichtigen Transport von Impuls, Wärme, Wasserdampf und anderen Beimengungen zwischen der Vegetation und der Atmosphäre. Die Erforschung des turbulenten Windfeldes und des Energie- und Stoffaustausches von Wäldern hat demzufolge einen hohen Stellenwert. In den sechziger Jahren feierten die numerischen Methoden ihren Durchbruch in den physikalischen Wissenschaften und gemeinsam mit den immer leistungsfähigeren Hochleistungsrechnern stehen heute neue Möglichkeiten offen (Lynch, 2008). Außerdem entwickelt sich die Messtechnik stetig weiter und moderne Verfahren ermöglichen bis dato ungeahnte Einblicke in unsere Wälder und ihre Wechselwirkung mit der Atmosphäre.

1.1 Die Bedeutung des Waldes für unsere Atmosphäre

Bei unserer Atmosphäre handelt es sich um ein komplexes heterogenes thermodynamisches System, getrieben durch die einfallende Strahlung der Sonne und die stattfindenden Absorptions-, Reflexions- und Transmissionsprozesse (Zdunkowski et al., 2007). Ein gutes Maß dafür ist im Allgemeinen die Temperatur, sodass man anhand deren charakteristischen Verlaufs mit der Höhe eine Einteilung in vertikale Schichten vornehmen kann (Abbildung 1.2). Diese variieren zwar je nach Jahreszeit und geographischem Breitengrad in ihrer Ausdehnung, folgen aber einem typischen Muster (Kraus, 2004*a*).

Zuunterst befindet sich die Troposphäre. Sie wird in 11 km Höhe durch die Tropopause begrenzt und die Temperatur nimmt mit zunehmender Entfernung von der Erdoberfläche ab (mittlere Temperaturabnahme von 0,65 °C pro 100 m, Kraus, 2004*a*). Das sorgt nicht nur für eine hohe Dynamik und Turbulenz, sondern führt auch zu Wolken- und Niederschlagsbildung. In der sich anschließenden Stratosphäre verharrt die Temperatur zunächst auf einem konstanten Wert und steigt danach auf bis zu 0 °C in 50 km Höhe an, wo die Stratopause die obere Grenze bildet. In einer Höhe von ungefähr 25 km befindet sich hier zudem die lebenswichtige Ozonschicht, welche uns vor der kurzwelligen ultravioletten Sonneneinstrahlung schützt. Es folgt ein erneuter Temperaturabfall, der sich über die gesamte Mesosphäre

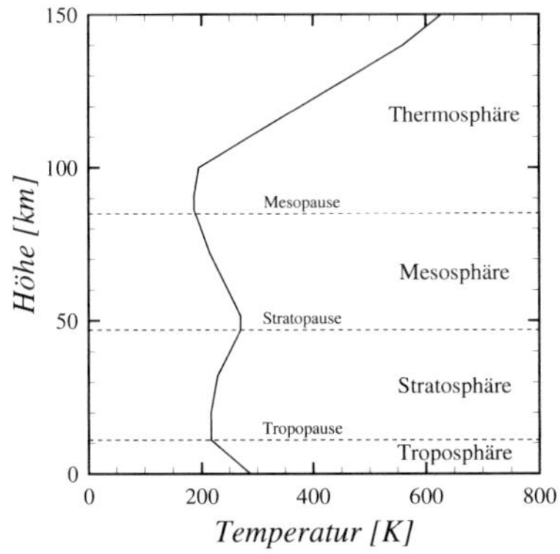

Abbildung 1.2: Vertikale Struktur der Atmosphäre und das dazugehörige Temperaturprofil entsprechend der „U.S. Standard Atmosphäre 1976“ bis 150 km Höhe.

fortsetzt, bis diese in 85 km Höhe wiederum von der Mesopause begrenzt wird und in die Thermosphäre übergeht. Der Vollständigkeit halber muss darauf hingewiesen werden, dass man nunmehr unter dem Temperaturbegriff, im Sinne der kinetischen Gastheorie, ein Maß für die mittlere kinetische Energie der Moleküle versteht. Deren Dichte ist in der Thermosphäre sehr gering und die mittlere freie Weglänge entsprechend groß (Kraus, 2004*a*). Infolgedessen steigt die Temperatur stetig an, bis sie in 400 km Höhe ihr Maximum von etwa 1000 K erreicht und diesen Wert anschließend beibehält. Der Zuwachs geht einher mit einer veränderten Zusammensetzung der Luft, deren gasförmige Bestandteile jetzt dissoziiert und teilweise sogar ionisiert vorliegen. Zu guter Letzt schließt sich in 800 km Höhe die Exosphäre an, die mit der Magnetopause in 60 000 km Höhe den äußersten Rand bildet. Aufgrund des Umstands, dass die Erdanziehungskraft gerade noch ausreicht, um zumindest zeitweise flüchtende Teilchen festzuhalten, bezieht man diesen Bereich mit in die Erdatmosphäre ein. Weiterführende Details findet man in Büchern über theoretische und praktische Meteorologie, beispielsweise Barry & Chorley (2010), Etling (2008) und Kraus (2004*a*).

1.1.1 Die atmosphärische Grenzschicht

Die Strömung um einen Körper lässt sich normalerweise in zwei Bereiche aufteilen: eine sehr dünne, von der Reibung dominierte Schicht in der Nähe der Wand und ein Gebiet außerhalb, wo die Reibung keine Rolle spielt (Schlichting & Gersten, 2000). Ähnlich verhält es sich mit der Troposphäre, die man anhand des Einflusses der Erdoberfläche in zwei Regionen untergliedert: Zuunterst, und damit unmittelbar durch den unteren Rand geprägt, befindet sich die atmosphärische Grenzschicht. Im Unterschied zu technischen Strömungen besitzt sie weder einen Anfang noch ein Ende, sondern umspannt mit einer Dicke von wenigen Dekametern bis hin zu drei Kilometern, je nach Sonneneinstrahlung und Temperatur der Erdoberfläche, den gesamten Planeten (Kraus, 2008). Darüber liegt die freie Atmosphäre. Sie nimmt den weitaus größeren Teil der Troposphäre ein und wird nur indirekt durch den unteren Rand beeinflusst.

Bei der atmosphärischen Grenzschicht handelt es sich um einen sehr komplexen Bestandteil unserer Atmosphäre, den wir bis heute nur ansatzweise verstanden haben. Alle atmosphärischen Bewegungen erhalten ihre Energie aus der kurzwelligen Sonneneinstrahlung. Eine geringe Menge absorbiert die Atmosphäre selbst, den weitaus größeren Teil aber die Erdoberfläche, welche sie danach als langwellige Wärmestrahlung emittiert (Foken, 2006*b*). Dadurch entsteht ein thermodynamisches System mit einem großen Einfluss auf die dynamischen Prozesse, und der untere Rand wirkt nicht mehr nur als Quelle oder Senke für den Impuls (Haftbedingung), sondern ebenso für die Wärme und den Wasserdampf. Ergo erfolgt die Wechselwirkung zwischen freier Atmosphäre und Erdoberfläche durch die atmosphärische Grenzschicht hindurch. Dafür sind die turbulenten Vertikalströme des Impulses, der Wärme und des Wasserdampfs verantwortlich, die ausgehend vom Boden am Übergang zur freien Atmosphäre verschwinden müssen (Kraus, 2008). Allgemein beschreibt der Begriff Strom, gleichbedeutend mit Fluss oder Transport, die Fähigkeit einer Strömung, Substanzen oder Eigenschaften zu befördern, und berechnet sich aus der Multiplikation der Geschwindigkeit $\mathbf{u}$ mit der transportierten Eigenschaft ϕ. Mit $\phi = \rho\mathbf{u}$, wobei ρ die Dichte des Fluids bezeichnet, erhält man beispielsweise den Impulsstrom pro Volumeneinheit (Etling, 2008).

Ein bedeutender Faktor für die Charakterisierung der Turbulenz in der atmosphärische Grenzschicht ist die vertikale Temperaturschichtung, anhand derer drei verschiedene Zustandsformen unterschieden werden (Kraus, 2008):

1. Die rein dynamische Grenzschicht, wo thermische Prozesse hinsichtlich der Turbulenz keine Rolle spielen, da eine neutrale Schichtung vorherrscht.

2. Die konvektive Grenzschicht, deren labile Schichtung die thermischen Prozesse maßgeblich zur Erzeugung von turbulenter kinetischer Energie beitragen lässt.

3. Die stabile Grenzschicht, deren stabile Schichtung den Abbau turbulenter kinetischer Energie durch die thermischen Prozesse unterstützt.

Zum besseren Verständnis kann man sich ein Luftpaket in einer bestimmten Höhe vorstellen, das sich hinsichtlich Temperatur und Dichte im Gleichgewicht mit seiner Umgebung befindet. Wird es adiabatisch, also ohne Austausch von Energie in Form von Wärme, nach oben oder unten ausgelenkt, so besteht zwischen dem Paket und der umgebenden Atmosphäre ein Unterschied, was eine gerichtete Auftriebskraft zur Folge hat. Tendiert es im Anschluss daran dazu, in seine Ausgangsposition zurückzukehren, spricht man von einer stabilen Schichtung. Verharrt es hingegen an Ort und Stelle, handelt es sich um eine neutrale Schichtung. Und setzt es die bereits begonnene Bewegung fort, ist die Schichtung als labil bzw. instabil zu bezeichnen (Etling, 2008). Im Folgenden beschränkt sich die vorliegende Arbeit auf eine rein dynamische Grenzschicht und thematisiert die Schichtung zumeist am Rande. An den entsprechenden Stellen wird jedoch auf weiterführende Literatur verweisen. Eine allgemeine Einführung findet man in Etling (2008) und Kraus (2008).

Wie bereits die Atmosphäre und die Troposphäre zuvor, so weist auch die atmosphärische Grenzschicht ein typische vertikale Struktur auf (Abbildung 1.3). Direkt über dem Boden befindet sich eine meist wenige Millimeter starke viskose Unterschicht, die man, da sie keine Turbulenz aufweist und nur geringen Einfluss auf die Dynamik hat, meist vernachlässigt. Darüber liegt die Prandtl-Schicht. Benannt nach dem Physiker L. Prandtl (1875 – 1953), besitzt sie je nach Schichtung eine Ausdehnung von 20 m bis 100 m. Sie zeichnet sich durch eine voll entwickelte Turbulenz und einen mit der Höhe konstanten, turbulenten vertikalen Impulsstrom aus (Etling, 2008; Fernando, 2012*a*,*b*; Kraus, 2008). Letzteres führt dazu, dass

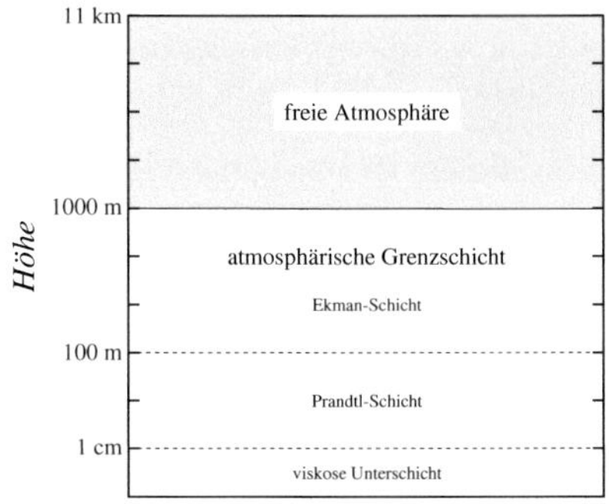

Abbildung 1.3: Skizze der vertikalen Struktur der Troposphäre und der atmosphärischen Grenzschicht (nicht maßstabsgerecht).

man sie gelegentlich auch als Konstantstromschicht bezeichnet. Windmessungen zeigen hier mit zunehmender Entfernung von der Erdoberfläche lediglich eine betragsmäßige Zunahme, was auf den verhältnismäßig geringen Einfluss der Corioliskraft zurückzuführen ist (Lumley & Panofsky, 1964). Anders hingegen verhält es sich in der anschließenden Ekman-Schicht, die ihren Namen dem Physiker V. Ekman (1874 – 1954) verdankt. Dort wächst zwar die Windgeschwindigkeit mit zunehmender Höhe weiter an, aber zusätzlich findet eine Rotation des Windvektors im Sinne der Ekman-Spirale statt, bis er am Übergang zur freien Atmosphäre in Betrag und Richtung dem geostrophischen Wind entspricht (Etling, 2008).

Setzt man stationäre Verhältnisse, horizontale Homogenität (Grundströmung und turbulente Impulsströme) und eine verschwindende Vertikalkomponente des Geschwindigkeitsfeldes voraus, so lässt sich unter Vernachlässigung der Corioliskraft, der molekularen Reibung und des horizontalen Druckgradienten für die Prandtl-Schicht ein charakteristisches Windprofil

$$u(z) = \frac{u_\tau}{\kappa} \ln\left(\frac{z}{z_0}\right) \tag{1.1}$$

angeben, wobei die unterschiedlichen mechanischen Eigenschaften der überströmten Erdoberfläche über die Rauigkeitshöhe z_0 berücksichtigt werden. Weiterhin steht $u_\tau = \sqrt{\frac{\tau_0}{\rho}}$ für die Schubspannungsgeschwindigkeit mit der Schubspannung τ_0 in der Höhe z_0 und der von-Kármán-Konstanten κ (Herleitung, siehe Etling, 2008). In der Strömungsmechanik wird die Gleichung (1.1) auch als logarithmisches Gesetz für raue Wände bezeichnet. Streng genommen stellt sie einen seltenen Sonderfall dar, nämlich den für eine neutrale Schichtung ohne Berücksichtigung des Temperaturgradienten. Daher findet in der Meteorologie stattdessen häufig eine Ähnlichkeitstheorie Anwendung, die auf die russischen Hydrodynamiker A. Monin (1921 – 2007) und A. Obukhov (1918 – 1989) zurückgeht und den Einfluss der Schichtung in der Prandtl-Schicht auf die Turbulenz und damit auf das Geschwindigkeitsprofil beschreibt (Foken, 2006*a*; Monin & Obukhov, 1954).

Besonders in Europa, aber auch in anderen Teilen der Welt, findet ein steter Wechsel zwischen Wäldern, Wiesen, Wasserflächen, urbaner Bebauung und anderen Landschaftsformen statt. Jede von ihnen besitzt eine typische Rauigkeit und andere thermische Eigenschaften, worauf sich darüber ein entsprechendes Windprofil einstellt. Die Bedeutung der Ähnlichkeitstheorie nach Monin und Obukhov oder auch des logarithmischen Wandgesetzes erklärt sich damit, dass aktuelle Klima- und Wettervorhersagemodelle infolge eines zu groben numerischen Gitters (im Bereich einiger Kilometer für ein Gebiet von der Größe Deutschlands) nicht in der Lage sind, diese Einflüsse direkt zu berücksichtigen, und eine entsprechende Randbedingung bzw. Wandfunktion benötigen. Das Gleiche gilt für großflächige Simulationen der atmosphärischen Grenzschicht über heterogenen Landschaften, die aktuell eine durchschnittliche Auflösung von 100 m erreichen (Maronga & Raasch, 2013). Ferner lässt sich das logarithmische Windprofil für die Behandlung unter-aufgelöster Topografie modifizieren. Hervorzuheben sind die Arbeiten von Anderson & Meneveau (2010) und Anderson et al. (2012). Die Autoren verwenden erfolgreich ein dynamisches Modell für die Rauigkeitshöhe und kompensieren damit eine zu geringe vertikale Auflösung in ihren numerischen Simulationen.

Die wechselnde Oberflächenbeschaffenheit bleibt auch für Freilandmessungen nicht folgenlos, da sich an den Übergängen zwischen den Geländeformen interne Grenzschichten ausbilden (Foken, 2006*b*). Diese werden beeinflusst durch die Rauigkeit, die wechselnde Bewölkung und den Tagesgang der Sonne. Somit bestimmt nicht mehr die Fläche allein den Energie- und Stoffaustausch, sondern obendrein ein in Windrichtung gelegenes Nachbarareal (Gash, 1986), und die gemessene Größe repräsentiert nicht mehr die Verhältnisse unterhalb des Messgeräts, sondern die einer von den vorherrschenden Bedingungen abhängigen Quellfläche (engl. footprint). Zur Interpretation der Messungen gilt es, diese zu quantifizieren, wofür üblicherweise Footprint-Modelle zum Einsatz kommen (Foken, 2006*b*; Rannik et al., 2012). Moderne Verfahren verwenden einen Lagrange-Ansatz und können mittels Rückwärtstrajektorien Quellflächen für heterogene Unterlagen bestimmen (Kljun et al., 2004, 2002). Ein zentraler Bestandteil dafür ist natürlich die Kenntnis des turbulenten Windfeldes. Mehr Informationen zur atmosphärischen Grenzschicht findet man außer in den klassischen meteorologischen Fachbüchern (Barry & Chorley, 2010; Etling, 2008; Foken, 2006*b*; Kraus, 2008) in jenen Literaturquellen, die sich speziell mit diesem Teil der Troposphäre auseinandersetzen (Fernando, 2012*a*,*b*; Kaimal & Finnigan, 1994).

1.1.2 Der Einfluss der Vegetation auf die bodennahe Turbulenz

Als 2009 der Film „Avatar“ des Regisseurs J. Cameron (*1954) erstmals in den Kinos zu sehen war, beeindruckte er viele Besucher durch seine unglaublich detailreichen, stereoskopischen Wälder, die den fiktiven Handlungsort auf dem Mond Pandora sehr real erscheinen ließen. Die am Computer mit spezieller Software[2] individuell gestalteten Bäume wären allerdings für ein perfektes Trugbild unzureichend gewesen, wenn sich nicht die unzähligen Blätter, Zweige und Äste natürlich im Wind bewegt hätten. Diese Wechselwirkung zwischen der Atmosphäre und der Vegetation geschieht in der Natur zwar in einem gewissen Sinne zufällig, aber nicht chaotisch. Wir Menschen besitzen dafür einen sprichwörtlichen sechsten Sinn, der es uns ermöglicht, die Unnatürlichkeit der virtuellen Darstellung instinktiv und ungeachtet des hohen Detailgrades zu erkennen. Die Film- und Spieleindustrie erforscht daher mit großem Aufwand Möglichkeiten, die Natürlichkeit der Bewegung von Pflanzen durch einfache, echtzeitfähige Modelle nachzuahmen (Selino & Jones, 2013).

Die Basis dafür bildet die langjährige Forschungsarbeit zur Untersuchung der turbulenten Strömungen innerhalb und oberhalb von Vegetationsdecken. Schwerpunkt aus meteorologischer Sicht ist der turbulente Transport von Impuls, Wärme, Wasserdampf und anderen

[2] SpeedTree der Firma Interactive Data Visualization, Inc.

Beimengungen, wie Kohlendioxid. Den Anfang machte Inoue (1955) mit einer experimentellen Untersuchung des „Honami“-Effekts, welchen man an windigen Tagen in Getreidefeldern beobachten kann. Dabei streicht eine Böe aus der atmosphärischen Grenzschicht über das Getreide und regt die Halme zu Schwingungen mit ihrer Eigenfrequenz an. Auf diese Weise entsteht der Eindruck eines Getreidemeeres, in welchem sich die Wellen kräuseln (Raupach et al., 1996). Honamis sind ein sehr komplexes Phänomen, welches nicht nur fundierte Kenntnisse der Strömungs- und Strukturmechanik erfordert, sondern auch der Morphologie der Pflanzen, die durch gezieltes Wachstum, Standortwahl und Spezies auf die vorherrschenden Umweltbedingungen reagieren. Es verwundert daher nicht, dass im Laufe der Zeit viele Arbeiten zu diesem Thema entstanden sind (Brunet et al., 1994; Dupont et al., 2010; Finnigan, 1979*a*,*b*, 2010; Yue et al., 2008, 2007). Einen allgemeinen Überblick über das Forschungsgebiet der Fluid-Struktur-Interaktion bei Pflanzen findet man in de Langre (2008). Der Autor bespricht obendrein den Einfluss einer Vegetationsdecke auf die turbulente Strömung und den damit verbunden Energie- und Stoffaustausch mit der Atmosphäre, wenngleich die Vegetation dabei normalerweise als starr betrachtet wird. In diesem Kontext stehen auch die richtungweisenden Veröffentlichungen von Raupach & Thom (1981), Finnigan (2000) und aktuell Patton & Finnigan (2012), welche die Erkenntnisse ihrer Zeit zusammenfassen. Insgesamt ist die Literatur zu diesem Thema sehr zahlreich und behandelt dabei die unterschiedlichsten Facetten. Aus Gründen der Übersichtlichkeit erscheint es zweckmäßig, sich im Folgenden auf Wälder zu beschränken und im Gegenzug vergleichsweise niedrige Bestände, wie Getreidefelder, oder die Unterwasservegetation (Folkard, 2011; Ghisalberti & Nepf, 2002, 2009; Nepf & Ghisalberti, 2008; Stoesser et al., 2009; Zhang & Nepf, 2009) zu vernachlässigen. Die meisten Erkenntnisse sind jedoch allgemeingültig und lassen sich problemlos zwischen den unterschiedlichen Vegetationsarten und Strömungsmedien übertragen.

Jeder, der an einem warmen, windigen Sommertag einmal spazieren geht, bemerkt eine Veränderung des Klimas, wenn er vom offenen Feld in einen Wald hineintritt. Hier weht erfahrungsgemäß nur ein laues Lüftchen, wenngleich die Bewegung der Baumkronen auf einen deutlich stärkeren Wind außerhalb schließen lässt. Zudem ist es im Sommer unter dem Blätterdach meist merklich kühler und die Luftfeuchtigkeit nimmt zu (bis zu 6 K Temperaturdifferenz und 10% höhere Luftfeuchtigkeit). Ein Hektar Wald transpiriert an einem warmen Tag bis zu 60 000 Liter Wasser, welches er dem Boden entnimmt und an die Atmosphäre abgibt (Müller, 2011). Er übernimmt damit eine zentrale Funktion im Wasserhaushalt der Erde und reguliert gleichzeitig die Temperaturverteilung im Bestand. Das wirkt sich natürlich auf die dortige Schichtung und die Turbulenz aus, die beide wiederum von großer Bedeutung für den Energie- und Stoffaustausch mit der Atmosphäre sind. Als treibende Kraft dahinter verbergen sich die kurzwellige Sonneneinstrahlung und das unterschiedliche Absorptions-, Reflexions- und Transmissionsverhalten der einzelnen Vegetationsbestandteile. Folglich kommt es zu einer intensiven und komplexen Wechselwirkung zwischen Biosphäre, Atmosphäre und Pedosphäre, wenn anstelle des direkten Übergangs zur Erdoberfläche ein Wald tritt (Kraus, 2008).

Zunächst verliert die Monin-Obukhov-Ähnlichkeitstheorie innerhalb und in einem Bereich oberhalb der Vegetation ihre Gültigkeit und das einstmals logarithmische Geschwindigkeitsprofil weist eher eine exponentielle Form auf. Charakteristisch für hohe Wälder mit einem lichten Unterwuchs ist außerdem ein sekundäres Windmaximum im Stammraum (Shaw, 1977), welches je nach jahreszeitlicher Belaubung und Schichtung variiert (Su et al., 2008). Es gibt verschiedene Autoren, die aus Freilandmessungen empirische Gesetzmäßigkeiten für die jeweils untersuchten Bestände ableiten (Queck & Bernhofer, 2010; Sypka &

Starzak, 2013). Das örtliche Geschwindigkeitsprofil ergibt sich aber letztendlich aus der Tatsache, dass die umströmten Vegetationselemente einen aerodynamischen Widerstand erzeugen und damit eine Senke für den Impuls darstellen. Diese Impulssenke wirkt zusätzlich zur Erdoberfläche und darüber hinaus verteilt über die gesamte Höhe der Vegetation (Finnigan, 2000). Ebenfalls davon betroffen ist der turbulente vertikale Impulsstrom, denn durch die Interaktion der turbulenten Strukturen mit den Pflanzenbestandteilen zerfallen größere Wirbel schneller und neue werden in den Nachläufen auf der jeweiligen Skala generiert. Allgemein beobachtet man eine erhöhte Dissipation von turbulenter kinetischer Energie (Umwandlung in Wärme) bei der Umströmung von Vegetationselementen (Cava & Katul, 2008; Kaimal & Finnigan, 1994). Der charakteristische Verlauf der Windgeschwindigkeit in der Prandtl-Schicht entwickelt sich erst in einer gewissen Entfernung oberhalb des Bestandes. Dazwischen findet ein kontinuierlicher Übergang vom exponentiellen zum logarithmischen Profil statt. Diesen Bereich bezeichnet man entsprechend Raupach & Thom (1981) als Rauigkeitsunterschicht, die, je nachdem ob man den Bestand hinzuzählt oder nicht, eine Ausdehnung vom Zwei- bis Dreifachen der mittleren Baumhöhe aufweist. Der mechanische und thermische Einfluss der darunter befindlichen Vegetation führt zu einer starken Dreidimensionalität der dortigen Strömung (Raupach & Thom, 1981), und unmittelbar oberhalb der Baumkronen befindet sich ein Wendepunkt im Geschwindigkeitsprofil, der hydrodynamisch instabil gegenüber kleinen äußeren Störungen ist (Finnigan, 2000). Aus dieser Tatsache leiten Raupach et al. (1996) die Idee einer Verwirbelungsschicht ab, welche sich über dem Bestand als Folge zweier unterschiedlich schneller, paralleler Strömungen entwickelt. Die Analogie liefert eine befriedigende Erklärung für eine Vielzahl der auftretenden Phänomene und wird von Finnigan (2000) und Finnigan et al. (2009) sukzessive weiter ausgebaut.

Eine Erscheinung, die sich mit Hilfe der Verwirbelungsschicht erklären lässt, beobachtete man bereits frühzeitig in Freilandmessungen. Der Energie- und Stoffaustausch von Wäldern wird nämlich durch kohärente Strukturen getriggert (Gao et al., 1989). Dabei handelt es sich um „wohl organisierte und relativ stabile turbulente Wirbelstrukturen, die relativ langlebig sind und meist in regelmäßigen Abständen (räumlich und zeitlich) auftreten“ (Foken, 2006*b*, Seite 95). In europäischen Wäldern besitzen sie eine Periodendauer von ungefähr 10 s bis 30 s (Serafimovich et al., 2011) und die erwähnten Honami-Wellen in Getreidefeldern sind nichts anderes als eine visuelle Identifikation. Kohärente Strukturen treten über die gesamte Höhe des Bestandes auf, sind aber im Bereich der Baumkronen am häufigsten und am stärksten. Obwohl es in der Vergangenheit eine Vielzahl experimenteller (Brunet & Irvine, 2000; Dupont & Patton, 2012; Gao et al., 1989; Iwata et al., 2009; Júnior et al., 2013; Patton et al., 2011) und numerischer Arbeiten (Dupont & Brunet, 2009; Fitzmaurice et al., 2004; Gavrilov et al., 2011; Huang et al., 2011, 2013; Watanabe, 2004, 2009) zu diesem Thema gab, sind die Prozesse, die zur Entstehung der Verwirbelungsschicht führen, nicht abschließend geklärt. Hinzu kommt, dass die Analogie in einigen Fällen ungenaue Vorhersagen liefert, wie beispielsweise Thomas & Foken (2007) in Freilandmessungen über einem deutschen Waldgebiet in Bayern feststellen. Sie bemerken deutliche Abweichungen hinsichtlich der prognostizierten kohärenten Strukturen in Abhängigkeit von der Windrichtung, was sie auf die großräumige Topografie und die räumliche Variation in der Struktur des Bestandes zurückführen. Ähnliche Beobachtungen machen Kobayashi & Hiyama (2011) in einer nicht neutralen Temperaturschichtung.

Trotz der gelegentlichen Abweichungen postulieren beispielsweise Finnigan et al. (2009) eine Idee zur Entstehung der Verwirbelungsschicht. Der Entwicklungsprozess ist in Abbildung 1.4 dargestellt und beginnt damit, dass eine großskalige Böe aus der atmosphärischen

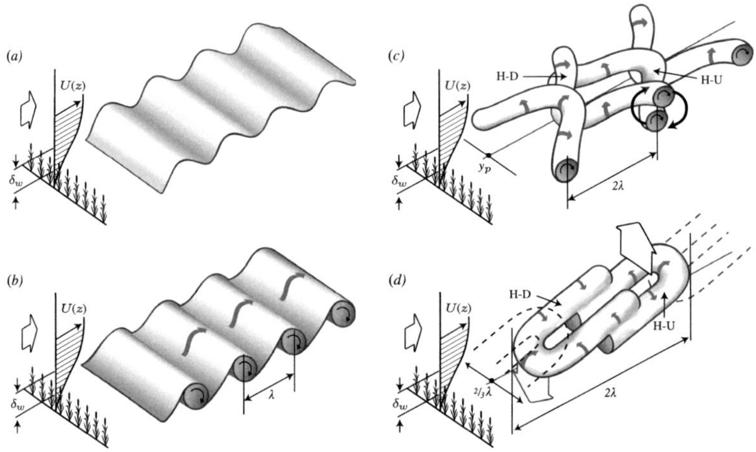

Abbildung 1.4: Schematische Darstellung der Entstehung der Verwirbelungsschicht nach Finnigan et al. (2009). Abbildung (a) zeigt die Kelvin-Helmholtz-Instabilität im Bereich des Wendepunkts, woraus sich in (b) die Stuart-Wirbel formieren. Durch äußere Störungen beginnen diese umeinander zu rotieren und entwickeln sich in (c) zu Haarnadelwirbeln, die alternierend mit dem Kopf nach oben (H-U) und nach unten (H-D) ausgerichtet sind. Schlussendlich strecken und überlagern sie sich in (d). Die Abbildung wurde freundlicherweise von E. Patton aus dem von ihm und J. Finnigan verfassten Kapitel im Handbook of Environmental Fluid Dynamics bereitgestellt (Patton & Finnigan, 2012). Die Notation kann daher von der vorliegenden Arbeit abweichen. In der Skizze bezeichnet $U(z)$ die Geschwindigkeit in der Höhe z, y_P eine spannweitige Position, δ_w die Dicke der Verwirbelungsschicht und λ die Wellenlänge.

Grenzschicht von oben herab auf den Bestand trifft. Dadurch erhöht sich lokal die Windscherung und beim Überschreiten eines bestimmtes Levels kommt es aufgrund der Instabilität des Geschwindigkeitsprofils im Bereich des Wendepunkts zur Ausbildung von Kelvin-Helmholtz-Wellen, die der mittleren Strömung überlagert sind. Unter Beibehaltung der inertialen Wellenlänge rollen sich diese im Laufe der Zeit zu Stuart-Wirbeln auf (Stuart, 1967), wodurch erneut ein instabiles Gleichgewicht entsteht. Eine weitere Störung führt dazu, dass sich die durch die Wirbel induzierten Geschwindigkeiten nicht mehr gegenseitig aufheben und selbige anfangen, umeinander zu rotieren. Sie nehmen dabei die Form einer Haarnadel (engl. hairpin) oder eines Hufeisens an, alternierend mit dem Kopf nach oben und unten ausgerichtet. Im Anschluss führen die wirkenden Scherkräfte und die gegenseitige Beeinflussung dazu, dass sich die Haarnadelwirbel übereinanderschieben und dazwischen die sogenannten „Sweeps“ und „Ejections“ auftreten, die häufig mit kohärenten Strukturen assoziiert sind (große Pfeile in Abbildung 1.4d). Erstere sind Böen, die von oben in den Bestand eindringen und impulsreiche Luft in den Kronenraum befördern. Letztere bezeichnen Böen, die aus dem Bestand heraustreten und impulsarme Luft in die darüber liegende atmosphärische Grenzschicht transportieren (Antonia, 1981; Lu & Willmarth, 1973; Raupach,

1981). Harman & Finnigan (2007, 2008) leiten aus dieser Hypothese eine charakteristische Längenskala ab, die es ihnen ermöglicht, die Monin-Obukhov-Ähnlichkeitstheorie für die Rauigkeitsunterschicht erfolgreich zu modifizieren und anschließend auf die turbulenten Flüsse von Wärme und Wasserdampf zu übertragen (Harman, 2012).

Der Energie- und Stoffaustausch von Wäldern lässt sich aber nicht allein durch die kohärenten Strukturen und die damit verbundenen „Sweeps“ und „Ejections“ erklären. Vielmehr muss man die Temperaturschichtung in die Überlegungen mit einbeziehen, da sie unter bestimmten Umständen in der Lage ist, einen Bestand vollständig von der darüber liegenden Atmosphäre zu entkoppeln. Solche Situationen treten besonders häufig nachts auf. Die geringe Intensität der Turbulenz und die im Bestand vorherrschende stabile Schichtung führen zur Ansammlung von Stickstoffmonoxid und Kohlendioxid, welche sich in den Morgenstunden nur langsam abbauen (Foken, 2006*b*). Alekseychik et al. (2013), Aubinet (2008) und Oliveira et al. (2013) beschäftigen sich intensiv mit diesen nächtlichen Besonderheiten. Allgemein untersuchen van Gorsel et al. (2011) den Einfluss der Schichtung, und in Valentini (2003) findet man einen Überblick über den Energie- und Stoffaustausch von Wäldern.

1.2 Der Weg zur Realität führt durch den homogenen Wald

Freilandexperimente sind selbstverständlich ein unersetzliches Hilfsmittel, um den Energie- und Stoffaustausch von Wäldern und deren Einfluss auf die Dynamik der Atmosphäre zu verstehen. Ein erheblicher Nachteil ist aber, dass die lokalen Messungen aufgrund der internen Grenzschichten nicht die Verhältnisse unter dem Messgerät repräsentieren, sondern die einer windwärts gelegenen Quellfläche, welche zudem von den vorherrschenden Umgebungsbedingungen zum Messzeitpunkt abhängt. Hinzu kommen große Messunsicherheiten und eine am Ende häufig nicht erfüllte Energiebilanz (Foken, 2006*b*). Shaw & Pereira (1982) präsentierten daher bereits frühzeitig eine der ersten numerischen Simulationen zu dieser Thematik mit dem Ziel, die Interpretation der Experimente zu unterstützen.

1.2.1 Der homogene Wald

In der Realität kennzeichnet die Vegetation eine starke Heterogenität und Dreidimensionalität in ihrer räumlichen Struktur, welche aus der Morphologie der Pflanzen und der Tatsache resultiert, dass sie sich je nach Art, Alter und Standort voneinander unterscheiden. Zusätzlich beginnen die Blätter, Äste und Zweige als Reaktion auf den Wind zu schwingen und es kommt zu einer intensiven Wechselwirkung zwischen ihnen und der turbulenten Strömung (Gosselin & de Langre, 2009; James, 2003; de Langre, 2008). Selbst auf heutigen Hochleistungsrechnern lässt sich diese Komplexität für einen ganzen Bestand unmöglich abbilden und es sind Vereinfachungen notwendig. Typischerweise werden dazu die einzelnen Vegetationselemente als starr betrachtet und zu einer sogenannten Blattflächendichte für ein definiertes Volumen zusammengefasst. Ausnahmen sind Arbeiten zur Umströmung von starren Einzelbäumen (Endalew et al., 2011, 2009; Gross, 1987), von hierarchisch aufgebauten fraktalen Bäumen (Chester & Meneveau, 2007; Chester et al., 2007; Schröttle & Dörnbrack, 2013) und von Baumgruppen (Graham & Meneveau, 2012). Außerdem spielt die Flexibilität der Getreidehalme bei Honami-Wellen ein zentrale Rolle, sodass man dort beweglich gelagerte, zylindrische Strukturen mit einer hohen Streckung betrachtet, um die realen Verhältnisse vernünftig abbilden zu können (siehe Abschnitt 1.1.2).

Die großflächige Bestimmung der Blattflächendichte ist überaus schwierig. Oft ermittelt man lediglich ein vertikales Profil an einer für den Bestand repräsentativen Stelle. In vielen numerischen Simulationen und Windkanalexperimenten variiert die Blattflächendichte daher ausschließlich mit zunehmender Entfernung vom Erdboden und bleibt in der Horizontalen konstant. Dafür hat sich in der Literatur der Begriff des homogenen Waldes durchgesetzt. In den weitläufigen bewaldeten Landschaften Nordamerikas und Nordrusslands kann man eine solche Homogenität tatsächlich vorfinden. Die Skala der interessierenden Wirbelstrukturen ist außerdem größer als die der einzelnen in der Blattflächendichte zusammengefassten Vegetationselemente. Die Bäume selbst findet man in den numerischen Simulationen üblicherweise nicht wieder, sondern nur deren indirekte Auswirkungen als Senke für Impuls in der Form eines aerodynamischen Widerstands. Dieser bestimmt sich aus der Blattflächendichte, zusammen mit einem isotropen Widerstandskoeffizienten und dem Geschwindigkeitsvektor. Die Wechselwirkung mit den turbulenten Strukturen fließt über eine erhöhte Dissipation in den Schließungsansätzen (Turbulenz- oder Feinstrukturmodell) mit ein. Eines der ersten angepassten Turbulenzmodelle für numerische Simulationen auf Basis der Reynolds-gemittelten Navier-Stokes-Gleichungen formulierten bereits Shaw & Pereira (1982); die Weiterentwicklung setzt sich bis in die heutige Zeit fort (Katul et al., 2004; Sogachev, 2009; Wilson, 1988). Aktuell wird diese Form der numerischen Simulation erfolgreich bei der Analyse von Sturmschäden (Dupont & Brunet, 2006; Panferov & Sogachev, 2008) und bei der Bestimmung von Quellflächen in Freilandexperimenten eingesetzt (Sogachev et al., 2011).

Zehn Jahre nach Shaw & Pereira (1982) präsentierten Shaw & Schumann (1992) die ersten Grobstruktursimulationen. Bei dieser Variante bilden die gefilterten Navier-Stokes-Gleichungen die Grundlage und es bedarf eines modifizierten Feinstrukturmodells, um die Einflüsse der Vegetation auf die nicht aufgelösten turbulenten Skalen zu berücksichtigen. Die Arbeiten von Shaw & Schumann (1992) waren so fundamental, dass ihr Ansatz bis heute als Standard gilt und die Versuche von Shaw & Patton (2003) und Su et al. (1998), den Besonderheiten im Nachlauf der Vegetationselemente durch eine zusätzliche Transportgleichung mehr Gewicht zu verleihen, weitestgehend erfolglos blieben. Seitdem sind viele numerische Studien durchgeführt worden, wobei immer wieder die kohärenten Strukturen und in diesem Zusammenhang die Verwirbelungsschichtanalogie von Raupach et al. (1996) im Mittelpunkt stehen (siehe Abschnitt 1.1.2). Dupont & Brunet (2008*c*) kommen unter anderem zu dem Schluss, dass der Blattflächenindex (ein integrales Maß für die Vegetationsdichte) und die vertikale Verteilung der Blattflächendichte einen hohen Stellenwert haben. In ihren Simulationen dominieren in dichten Beständen vornehmlich die „Sweeps“, während die Verwirbelungsschicht bei sehr lichten Bestände beinahe vollständig verschwindet und die Strömung eher einer Grenzschicht über rauen Wänden gleicht. Für ein besseres Verständnis der Austauschprozesse betrachten einige Autoren zudem das Verhalten eines Skalars. Der Begriff steht hier stellvertretend für Wärme, Wasserdampf und andere Beimengungen, die durch die Strömung transportiert werden. Zum Beispiel erforschen Edburg et al. (2012) den Einfluss des Emissionsortes und wie sich dieser auf die Durchmischung mit der Atmosphäre auswirkt. Sie erkennen, dass es wesentlich effizienter ist, den Skalar auf Höhe der Vegetationselemente zu emittieren als am Waldboden. Eine weitere numerische Studie dazu präsentieren Patton et al. (2001), zu nennen sind aber auch die experimentellen Arbeiten von Juang et al. (2008) und Poggi et al. (2011).

1.2.2 Erste Inhomogenitäten im homogenen Wald

In Zentral- und Westeuropa sind großflächige und noch dazu homogene Waldgebiete eher selten. Die Ursache dafür liegt in der hohen Bevölkerungsdichte und in der Zerschneidung vieler einstmals zusammenhängender Forstbestände durch bauliche Maßnahmen (Autobahnen, Bahntrassen, Flughäfen). Bereits jetzt existieren 512 000 km Fahrwege, 635 000 km Forstwege und 62 000 km Wanderwege in deutschen Wäldern. Diese Form der Heterogenität und deren Auswirkungen auf das turbulente Windfeld lässt sich mit der Idee des homogenen Waldes zufriedenstellend abbilden. Besonders freistehende Waldkanten sind ein beliebtes Forschungsobjekt in Freiland- und Windkanalexperimenten (Detto et al., 2008; Fontan et al., 2013; Gash, 1986; Irvine et al., 1997; Kochendorfer & U, 2011; Morse et al., 2002; Novak et al., 2000; Raynor, 1971; Ruck et al., 2012) oder numerischen Simulationen (Cassiani et al., 2008; Dalpé & Masson, 2009; Dupont et al., 2011; Dupont & Brunet, 2008*a*,*b*; Dupont et al., 2012; Fesquet et al., 2009; Lee, 2000; Qiu et al., 2008; Sogachev et al., 2008; Yang et al., 2006*a*,*b*,*c*). Begleitend dazu geben Belcher et al. (2003) für den Einfluss solcher Inhomogenitäten auf die turbulente Strömung in der Rauigkeitsunterschicht eine analytische Beschreibung.

In den allermeisten Studien wird das Untersuchungsgebiet nach Möglichkeit so gewählt, dass die Strömung frontal auf eine durchgängige Waldkante trifft, diese also senkrecht zur Hauptwindrichtung verläuft. Eine Ausnahme ist beispielsweise die numerische Simulation von Qiu et al. (2008), welche eine zusätzliche Schneise in Strömungsrichtung einbringen. Yang et al. (2006*a*,*b*) beschäftigen sich in einer der umfangreichsten numerischen Arbeiten mit einer scharfen, freistehenden Waldkante, sodass deren Ergebnisse hier zur allgemeinen Beschreibung der dortigen Verhältnisse herangezogen werden. Sobald die Strömung den Lichtung-Wald-Übergang erreicht, verzögert sie durch den wirkenden aerodynamischen Widerstand stark und es kommt zur Ausbildung eines Druckmaximums unmittelbar vor dem Bestand (Staupunkt). Aus Gründen der Kontinuität muss sie nach oben ausweichen, was in einer vertikalen Geschwindigkeitskomponente resultiert. Im weiteren Verlauf benötigt die Strömung dann eine gewisse Laufstrecke, um sich an den neuen Untergrund und dessen veränderte Rauigkeit anzupassen. Die Längenangaben hierfür variieren in der Literatur zwischen dem Achtfachen (Dupont & Brunet, 2008*b*; Ruck et al., 2012) und dem Fünfzehnfachen der mittleren Baumhöhe (Yang et al., 2006*a*,*b*), was mit teilweise voneinander abweichenden Kriterien der einzelnen Autoren begründet werden kann. Durch die Umlenkung kommt es stromab der Waldkante zur Ausbildung einer Zone mit erhöhter Böenaktivität über den Baumkronen (engl. enhanced gust zone, Dupont & Brunet, 2008*a*; Raupach et al., 1987; Yang et al., 2006*a*,*b*). Deren Intensität nimmt zu, sobald die Vegetation im Bereich des Übergangs dichter wird (Dupont & Brunet, 2008*a*). Zusätzlich beeinflusst der vertikale Verlauf der Blattflächendichte das Strömungsbild. Hat man es mit einem eher offenen Stammraum und lichtem Unterwuchs zu tun, kann sich ein regelrechter Jet ausbilden, der unterhalb des Kronenraums in den Bestand eindringt und zur Ausbildung einer zweiten Verwirbelungsschicht führt (Dupont & Brunet, 2008*a*). Die in diesem Zusammenhang vermehrt auftretenden kohärenten Wirbelstrukturen innerhalb des Waldes bleiben erwartungsgemäß nicht ohne Folgen für dessen Energie- und Stoffaustausch (Dupont et al., 2011, 2012).

Da durch die Bewirtschaftung der Wälder und die damit verbundenen Einschläge zur Nutzholzgewinnung immer wieder größere und kleinere Lichtungen geschaffen werden, steht die Frage nach dem Windbruchrisiko in vielen Veröffentlichungen im Mittelpunkt (Dupont & Brunet, 2008*b*; Ruck et al., 2012; Yang et al., 2006*c*). Dabei spielt es zwar eine Rolle, ob die Waldkante eine schräge, stufenförmige, eher lichte oder dichte Kontur hat, aber das entscheidende Kriterium nach Ruck et al. (2012) ist der Massenstrom über diese hinweg und das Verhältnis zwischen der mittleren und der maximal an den Bäumen angreifenden Windlast. Aus den Ergebnissen der numerischen und experimentellen Untersuchungen lässt sich jedoch keine pauschale Aussage zur Bewertung des Risikos ableiten. Die Ursache liegt in der Fähigkeit der Pflanzen, durch gezieltes Wachstum auf geänderte Umgebungsbedingungen zu reagieren. Man geht davon aus, dass im Bereich einer frischen Auslichtung das Risiko für Sturmschäden zunächst ansteigt, da die Bäume der hohen mittleren Windlast nichts entgegenzusetzen haben und sich erst entsprechend anpassen müssen. Später jedoch profitieren sie von der im Verhältnis geringeren Intensität der Böen, die Gefahr eines Sturmschadens sinkt erheblich (Ruck et al., 2012). Im Umkehrschluss steigt aber das Risiko für die stromab befindlichen Bäume, denn durch die dichtere Vegetation im Bereich der Waldkante sind sie jetzt deutlich stärkeren Böen ausgesetzt und normalerweise eine eher niedrige mittlere Windlast gewohnt. Dieses Phänomen, dass es bei Stürmen vermehrt den Bereich stromab einer Lichtung am stärksten trifft, ist ein bekanntes Problem von älteren Forstbeständen (Yang et al., 2006*c*). In der Landwirtschaft hingegen nutzt man sogenannte Windzäune, um Sturmschäden in den Nutzpflanzen zu vermeiden. Dabei handelt es sich um höhere Bäume und Büsche, die, zwischen den Feldern gepflanzt, einen Windschatten erzeugen. Deren Wirksamkeit ist bereits seit langem bekannt und wurde von Patton et al. (1998) und Rosenfeld et al. (2010) numerisch untersucht und letztendlich bestätigt.

Die Verhältnisse am anderen Ende des Waldes sind der Gegenstand der Arbeiten von Cassiani et al. (2008). Sie beschäftigen sich mit dem Bereich, in dem die Strömung den Bestand wieder verlässt und auf das offene Feld hinaustritt. Dort entwickelt sich in Abhängigkeit von der Dichte der stromauf befindlichen Vegetation ein unterschiedlich stark ausgeprägtes Rezirkulationsgebiet, dessen Dimensionen obendrein von der Länge der folgenden Lichtung abhängen (Frank & Ruck, 2008). Detto et al. (2008) führten entsprechende Windkanaluntersuchungen durch und vergleichen die Strömung, ebenso wie Cassiani et al. (2008), mit dem Nachlauf einer rückwärtsgewandten Stufe. Daraufhin leiten sie eine Analogie ab, welche sich aber mit den Ergebnissen von Cassiani et al. (2008) nur bedingt bestätigen lässt. Als größtes Manko erweist sich, dass in den numerischen Simulationen kein kontinuierliches und durchgängiges Rezirkulationsgebiet entsteht, sondern mehrere. Sie treten außerdem nur zeitweilig auf und wechseln sich entlang der Waldkante mit einer reinen Austrittsströmung ab. Die Frequenz hängt mit der Dichte der stromauf befindlichen Vegetation zusammen. Da es bislang keine umfassenden Freilandexperimente zu dieser Thematik gibt, kann über die tatsächlichen Verhältnisse an einem solchen Wald-Lichtung-Übergang nur spekuliert werden.

1.2.3 Ein bewaldeter Hügel

Einer erweiterten Sichtweise auf den Energie- und Stoffaustausch bedarf es, wenn man sich die Gegenden anschaut, in denen sich die meisten Waldgebiete befinden. Man wird feststellen, dass es sich überwiegend um hügelige und bergige Regionen handelt (Ross & Vosper, 2005). Der Einfachheit halber beschränken sich die meisten numerischen Arbeiten auf eine generische, zweidimensionale Topografie, die von einem homogenen Wald bedeckt wird. Ausnahmen, wie beispielsweise Doyle & Durran (2007) und Paiva et al. (2009), berücksichtigen die Vegetation entweder gar nicht oder nur in Form einer veränderten Oberflächenrauigkeit. Als Referenz im Hinblick auf die Besonderheiten eines bewaldeten Hügels gilt das Windkanalexperiment „Furry Hill" von Finnigan & Brunet (1995). Das betrifft auch die umfangreiche Studie von Ross & Vosper (2005), welche die Höhe und die Länge der Erhebung in den Mittelpunkt ihrer Untersuchungen stellen.

Für ein besseres Verständnis sollte man aber zunächst die mittlere Strömung über einem unbewaldeten Hügel genauer betrachten (empfehlenswert ist Kaimal & Finnigan, 1994). Die Strömung bremst auf der dem Wind zugewandten Seite (Luv) wegen der Verdrängungswirkung durch die veränderte Topografie ab und je nach Form des Fußbereiches kann es dabei zu geringfügigen Ablösungserscheinungen kommen. Entlang des Berghangs beschleunigt sie wieder und erreicht an der Spitze ihren Maximalwert. Angesichts des abschüssigen Geländes auf der dem Wind abgewandten Seite (Lee) ist sie höchstens bei sehr flachen Erhebungen in der Lage, der Kontur zu folgen, und es kommt zur Ausbildung eines Rezirkulationsgebietes mit einer Ablösung im Bereich des Hügelkamms. Diese Besonderheiten führen dazu, dass der turbulente vertikale Impulsstrom den Energie- und Stoffaustausch des Waldes nicht mehr dominiert, sondern die direkt an den Hängen in den Bestand eintretende mittlere Strömung einen wesentlichen Beitrag zur Durchmischung mit der darüber liegenden Atmosphäre leistet (Ross, 2008).

Als Folge der starken Beschleunigung entlang der Luvseite des Hangs verschwindet der Wendepunkt im Geschwindigkeitsprofil oberhalb der Baumkronen nahezu vollständig. Das geht einher mit der Zunahme der turbulenten kinetischen Energie und des turbulenten vertikalen Impulsstroms innerhalb des Bestandes (Dupont et al., 2008). Leeseitig entsteht infolge des Nachlaufs und der Ablösung eine abgehobene Scherschicht mit dazugehörigem Wendepunkt im Geschwindigkeitsprofil (Dupont et al., 2008). Insgesamt scheint die vorhandene Vegetation die Entwicklung eines Rezirkulationsgebietes auf dieser Seite zu fördern, denn Belcher et al. (2008) bemerken ein solches selbst bei sehr flachen Hügeln, deren Kontur die Strömung problemlos folgen könnte. Die damit erzwungene Entkopplung des darunter befindlichen Bestandes von der höheren Atmosphäre führt dazu, dass in der Talsohle hohe Konzentrationen eines Skalars über längere Zeiträume bestehen bleiben und verhältnismäßig langsam abgebaut werden (Ross, 2011).

In den vergangen Jahren gab es eine Vielzahl von Windkanalexperimenten (Finnigan & Brunet, 1995; Poggi & Katul, 2007*a*,*b*,*c*; Poggi et al., 2007) und numerischen Simulationen (Dupont et al., 2008; Katul et al., 2006; Patton & Katul, 2009; Ross, 2008, 2011; Ross & Vosper, 2005) mit dem Ziel, die Eigenschaften einer turbulenten Strömung über einem bewaldeten Hügel zu erforschen. Neuere Arbeiten verbinden teilweise schon die Inhomogenität von Waldlichtungen mit einer darunter liegenden Erhebung (Ross & Baker, 2013). Hinzu kommen vielfältige Versuche von Belcher et al. (2008, 2012), Finnigan & Belcher (2004), Harman & Finnigan (2010, 2013), Poggi et al. (2008) und Wang & Yi (2012), den Einfluss auf die Rauigkeitsunterschicht analytisch zu beschreiben. Das große Interesse an der Thematik liegt vermutlich darin begründet, dass jede Inhomogenität für sich bereits einen großen Einfluss auf die atmosphärische Grenzschicht und das regionale Klima ausübt. Dementsprechend stark wirken sich beide gemeinsam aus, was wiederum für die Klima- und Wettervorhersagemodelle relevant ist, da diese mittelfristig weder für die Topografie noch für die Vegetation in der Lage sein werden, diese vollständig mit dem numerischen Gitter aufzulösen, und dafür eine entsprechende Randbedingung benötigen.

1.3 Eine Bestandsaufnahme zum heterogenen Wald

Die Heterogenität der Vegetation ist eng verknüpft mit der Skala, auf der man sie betrachtet. Im vorherigen Abschnitt wurde bereits dargelegt, dass man mit der Reduktion auf einen homogenen Wald den Einfluss von Lichtungen und den Übergang zum offenen Feld erfolgreich untersuchen kann. Davon ausgehend gibt es zwei mögliche Richtungen: Einerseits kann man die Fläche des Untersuchungsgebietes auf einige Quadratkilometer erhöhen. Besonders in den klimatisch interessanten Regionen in der Umgebung von größeren Ansiedlungen und Städten liegen dann oft mehrere, teilweise nicht zusammenhängende Waldgebiete nebeneinander und wechseln sich mit anderen Formen der Oberflächenrauigkeit ab. Heutzutage lässt sich ein solch heterogenes Untersuchungsgebiet tatsächlich in Simulationen abbilden, wobei die einzelnen Bestände, jeweils für sich betrachtet, einen homogenen Wald mit der dazugehörigen Blattflächendichte darstellen. Die ersten numerischen Arbeiten dazu präsentierten Aumond et al. (2013) und Zaïdi et al. (2013) neben den Windkanalexperimenten von Aubrun et al. (2005) und Aubrun & Leitl (2004). Zaïdi et al. (2013) beschäftigen sich mit einem knapp $4\,\mathrm{km}^2$ großen, stark zergliederten Gebiet in der Nähe der französischen Hauptstadt Paris. Sie vergleichen in einer aufwändigen Studie die direkte Modellierung der Vegetation durch einen auf der Blattflächendichte basierenden aerodynamischen Widerstand mit der aus großskaligen Modellen bekannten Variante der Monin-Obukhov-Ähnlichkeitstheorie und einer entsprechend angepassten Rauigkeitshöhe. Schlussendlich zeigt sich, dass die direkte Behandlung der Vegetation bessere Resultate liefert.

Die zweite mögliche Richtung ist die kleinräumige Heterogenität. Hierbei kann man die Betrachtungsskala für die Vegetation natürlich beliebig weit reduzieren. Bedenkt man aber, dass der gesamte Bestand und nicht der einzelne Baum im Zentrum der Untersuchungen steht, bleibt die Berücksichtigung der Blätter und Äste vorerst Utopie. Trotzdem gewinnt in den letzten Jahren die kleinräumige Heterogenität in der Größenordnung des Kronendurchmessers und der Kronenansatzhöhe an Bedeutung. Die ersten Arbeiten von Bailey & Stoll (2013), Bohrer et al. (2008, 2009, 2007) und Yue et al. (2007) offenbaren neue Möglichkeiten. In Ross (2012) ist eine erste analytische Beschreibung für den Einfluss auf die Verhältnisse in der Rauigkeitsunterschicht zu finden. Im Moment funktioniert Letzteres aber nur in eng gesteckten Grenzen. Vernachlässigt man an dieser Stelle die Einschränkungen der analytischen Herangehensweise, so erlaubt es die Blattflächendichte durchaus, die Unterschiede in der vertikalen und horizontalen Verteilung der Vegetationselemente, die individuellen Abmessungen der einzelnen Bäume und deren unregelmäßige Verteilung im Bestand abzubilden. Als vorteilhaft erweist sich zudem, dass man den vom homogenen Wald bekannten Ansatz ohne Weiteres übernehmen kann, allerdings mit dem Nachteil, die lokale Blattflächendichte großräumig bestimmen zu müssen.

Bohrer et al. (2009) gehen daher zunächst einen Mittelweg und erzeugen auf der Grundlage eines realen, zur Duke University gehörenden Waldgebietes nahe der Stadt Durham in den Vereinigen Staaten von Amerika eine künstliche, heterogene Vegetationsverteilung mit ihrem „Virtual Canopy Generator". Das von Bohrer et al. (2007) vorgestellte Programm kommt auch im weiteren Verlauf dieser Arbeit zur Anwendung und wird zu gegebener Zeit ausführlich erläutert. Bohrer et al. (2009) beschäftigen sich intensiv mit jahreszeitlichen Szenarien (Winter, Sommer) und dem Einfluss kleinerer Lücken, die durch umgefallene Bäume oder selektiven Holzeinschlag entstanden sind. Die im realen Bestand unter vergleichbaren Bedingungen durchgeführten Freilandexperimente zeigen eine gute Übereinstimmung mit den numerischen Ergebnissen, aus denen sich bei genauerer Betrachtung zudem eine deutlich größere Rauigkeitshöhe z_0 ergibt als aus dem standardmäßigen homogenen Wald. Außerdem bemerken die Autoren eine Konzentration der für den Energie- und Stoffaustausch relevanten „Sweeps" und „Ejections" an bestimmten Stellen. Interessant in diesem Zusammenhang ist auch der Langstreckentransport von Samen und Pollen. So beobachten etwa Bohrer et al. (2008), dass kleinere Bäume ihre Samen höher in die Atmosphäre katapultieren können als die größeren Artgenossen in unmittelbarer Nachbarschaft. Damit legen sie große Strecken zurück, was sich auf lange Sicht in der Zusammensetzung des

Bestandes niederschlägt. Die Konzentration der „Ejections" könnte eine mögliche Erklärung für dieses Phänomen sein. Mehr zur Ausbreitung von Samen und Pollen findet man in Nathan et al. (2011) und Volis & Bohrer (2013). Insgesamt steht die Forschung im Gebiet der kleinräumigen Heterogenität der Vegetation erst am Anfang. An diesem Punkt setzt die vorliegende Arbeit an.

1.4 Einordnung und Zielstellung der Arbeit

Die Deutsche Forschungsgemeinschaft finanziert mit dem Schwerpunktprogramm 1276 Metström[3] eines der derzeit bedeutendsten meteorologischen Gemeinschaftsprojekte in Deutschland. Der Name deutet die interdisziplinäre Ausrichtung bereits an, indem er als Akronym die Fachrichtungsbezeichnungen Meteorologie und Strömungsmechanik miteinander verbindet. Ziel ist die Erforschung von gitteradaptiven Ansätzen für die kommende Generation von Klima- und Wettervorhersagemodellen. Deren dynamischer Kern soll es den Forschern in Zukunft ermöglichen, die zeitliche und räumliche Entwicklung von lokalen Ereignissen in der Atmosphäre besser verfolgen zu können, und beispielsweise die Auflösung des numerischen Gitters in der Nähe eines Tiefdruckgebietes oder eines Wirbelsturms automatisch anpassen. Die Entwicklung der hochspezialisierten numerischen Verfahren und geeigneter Schließungsansätze sowie die Durchführung von Referenzexperimenten und -simulationen zur Validierung und Weiterentwicklung der derzeitigen Randbedingungen geben den thematischen Rahmen für die Teilprojekte im Schwerpunktprogramm vor. Diese erstrecken sich folglich über den gesamten Bereich der meteorologischen Skalen, angefangen von der großskaligen Dynamik der Atmosphäre, über die bodennahe Turbulenz bis hinunter zur Mikroskala der Wolkenphysik.

Das an der Technische Universität Dresden angesiedelte Teilprojekt „Turbulente Austauschprozesse zwischen Waldflächen und der Atmosphäre" (engl. Turbulent Exchange Processes between Forested Areas and the Atmosphere, TurbEFA) beschäftigt sich mit dem Energie- und Stoffaustausch von Wäldern und dem Einfluss vorhandener Inhomogenitäten. Es zeichnet sich durch die intensive Kooperation zwischen der Professur für Meteorologie (Freilandexperiment) und der Professur für Photogrammetrie (Datenerfassung), die beide an der Fakultät Umweltwissenschaften angesiedelt sind, sowie der Professur für Strömungsmechanik (Grobstruktursimulation) der Fakultät Maschinenwesen aus und setzt die Interdisziplinarität des Schwerpunktprogramms im Kleinen fort. Das Untersuchungsgebiet befindet sich im Landschaftsschutzgebiet Tharandter Wald nahe der Stadt Dresden in Deutschland und beinhaltet neben einer größeren Lichtung auch einige Waldwege. Mittels eines aufwändigen Freilandexperimentes entlang eines 150 m langen Transekts, einer detaillierten Datenaufnahme der vorhandenen Vegetation und hochauflösender numerischer Simulationen soll ein besseres Verständnis für die stattfindenden turbulenten Austauschprozesse gewonnen werden.

Die vorliegende, in TurbEFA eingebettete Arbeit sieht sich als nachster Schritt auf dem Weg hin zu einer möglichst realistischen Abbildung eines größeren Waldgebiet in der numerischen Simulation. Eine logische Konsequenz ist die Darstellung der Vegetation in Form einer lokalen Blattflächendichte, welche die Unterschiede in der horizontalen und vertikalen Verteilung auf der Skala der größeren Vegetationselemente sichtbar macht und damit die individuellen Merkmale der einzelnen Bäumen erfasst. Die modernen Hochleistungsrechner des Zentrums für Informationsdienste und Hochleistungsrechnen der Technischen Universi-

[3] `http://metstroem.mi.fu-berlin.de`

tät Dresden bieten die dafür notwendigen Ressourcen. Den Ausgangspunkt markieren die richtungsweisenden Arbeiten von Bohrer et al. (2009, 2007). Darin beschreiben die Autoren den Weg von einem idealisierten, homogenen Wald hin zu einer komplexeren und an der Realität orientierten Variante. Sie erzeugen eine künstliche, heterogene Blattflächendichte für ein weitläufiges amerikanisches Waldgebiet. Der Tharandter Wald hingegen ist ein klassisches bewirtschaftetes Waldgebiet in Europa und durchzogen von unzähligen Fahr- und Wanderwegen. Er umfasst zudem eine Vielzahl unterschiedlich großer Lichtungen und Schonungen von jungen Bäumen. Da sich der virtuelle Wald in der vorliegenden Arbeit nicht nur an der Realität orientieren, sondern dieser so exakt wie möglich entsprechen soll, kommt mit dem terrestrischen Laserscanner eine neue Technik zum Einsatz, um die vorhandene Vegetation großflächig, dreidimensional und mit einer sehr hohen Auflösung zu digitalisieren. Damit wird ein Referenzdatensatz geschaffen, der als Grundlage für Quellflächenanalysen (Kljun et al., 2004, 2002) und für die Weiterentwicklung von Vorhersagemodellen für die atmosphärische Grenzschicht dient (Baums et al., 2005; Goldberg & Bernhofer, 2001).

Für die geplanten Grobstruktursimulationen bedarf es eines robusten und universell einsetzbaren Strömungslösers, der außerdem eine akzeptable Leistung auf modernen Hochleistungsrechnern bieten muss. Die frei verfügbare C++-Bibliothek OpenFoam (Open Field Operation and Manipulation) erfüllt diese Kriterien und wird in Kapitel 2 gemeinsam mit dem physikalischen Modell und der numerischen Methode ausführlich beschrieben. In der Bibliothek nicht enthalten ist das von Shaw & Schumann (1992) vorgestellte modifizierte Feinstrukturmodell für die Berücksichtigung des Einflusses der Vegetation auf die nicht aufgelösten Skalen. Die Evaluierung der notwendigen Implementierungen und der gewählten Einstellungen erfolgt anhand der historischen Referenzsimulation für einen 20 m hohen, homogenen Wald von Shaw & Schumann (1992) und bildet den Abschluss von Kapitel 2. Kapitel 3 widmet sich vollständig dem Untersuchungsgebiet im Tharandter Wald. Es beschreibt den Bestand, das Freilandexperiment, die Datenerfassung und letztendlich den Prozess, wie daraus der virtuelle Wald für ein 36 Hektar großes Lösungsgebiet entsteht. Dabei wird selbstverständlich das Verfahren des terrestrischen Laserscannings und die Anpassung des „Virtual Canopy Generators“ von Bohrer et al. (2007) eingeführt. Kapitel 4 stellt danach die ersten Ergebnisse auf der Grundlage einer zunächst vereinfachten, zweidimensional variierenden Blattflächendichte vor. Der Vergleich mit dem Freilandexperiment und mit dem klassischen homogenen Wald gibt einen ersten Eindruck über den Mehrwert einer Grobstruktursimulation mit hochauflösenden Realdaten, die mit Hilfe eines terrestrischen Laserscanners gewonnen wurden. Kapitel 5 beinhaltet die Ergebnisse einer Grobstruktursimulation mit einer vollständig dreidimensionalen Blattflächendichte, die aus den Daten des terrestrischen Laserscanners und dem „Virtual Canopy Generator“ abgeleitet ist. Zusätzlich wird die gewünschte größtmögliche Nähe zur Realität durch die Integration eines hochauflösenden digitalen Geländemodells des Staatsbetriebs Geobasisinformation und Vermessung Sachsen unterstützt. Natürlich erfolgt auch hier wieder der Vergleich der numerischen Ergebnisse mit dem Freilandexperiment und den vorangegangenen Grobstruktursimulationen aus Kapitel 4. Den Abschluss bilden in Kapitel 6 eine Zusammenfassung und ein Ausblick auf mögliche Lösungsansätze für zukünftige Fragestellungen.

2 Numerische Methode

In unserer Umgebung finden wir eine Vielzahl unterschiedlicher Strömungen. Dabei ist es egal, ob wir dem rauschenden Bach zusehen oder im Wald dem Wind lauschen, wie er durch die Baumwipfel streicht und dabei die Äste und Blätter in Bewegung setzt: Ursache für jede dieser Strömungen sind Oberflächen- und Volumenkräfte, die auf das Fluid wirken und es dadurch in Bewegung setzen. Durch die Formulierung entsprechender Erhaltungsgleichungen für Masse, Impuls und eventuell weitere Größen lässt sich ein physikalisches Modell herleiten, welches die jeweilige Strömung beschreibt. Für turbulente Strömungen allerdings kann die Herleitung des exakten physikalischen Modells kompliziert werden, besonders wenn zusätzliche physikalische Effekte, beispielsweise aufgrund der wärmenden Sonne, auftreten. Experimentelle Untersuchungen sind ein Weg, die Physik turbulenter Strömungen zu untersuchen, aber häufig sind sie lokal begrenzt und die meisten Messmethoden üben einen störenden Einfluss aus.

Eine Alternative ist die rechnergestützte Lösung des strömungsmechanischen Problems. Dazu ist es empfehlenswert, das physikalische Modell zunächst so weit wie möglich zu vereinfachen (Abschnitt 2.1), um den Aufwand zu reduzieren. Mit Hilfe einer numerischen Methode (Abschnitt 2.2) und einer dazu passenden Diskretisierung (Abschnitt 2.3) wird das System partieller Differentialgleichungen in ein algebraisches Gleichungssystem überführt, welches dann rechnergestützt gelöst werden kann. Die Lösung erhält man an den diskreten Punkten eines numerischen Gitters und zu diskreten Zeitpunkten. Die Anwendbarkeit des vereinfachten physikalischen Modells und der numerischen Methode wird schlussendlich mit Hilfe von geeigneten Referenzfällen – häufig Experimenten – evaluiert (Abschnitt 2.4).

2.1 Das physikalische Modell

Das strömende Medium in der unteren Atmosphäre ist Luft, ein Newton'sches Fluid. Die Machzahl – also das Verhältnis zwischen Strömungsgeschwindigkeit und lokaler Schallgeschwindigkeit – ist in der Prandtl- und Ekman-Schicht der unteren Atmosphäre kleiner als 0,3 (Kraus, 2008). Demzufolge kann die vorliegende Strömung als inkompressibel betrachtet werden und die Dichte ρ als konstant.

Ferner werden in der Meteorologie anhand eines Stabilitätskriteriums (bespielsweise Etling, 2008) drei Zustände der Atmosphäre unterschieden: labile, neutrale und stabile Schichtung. Die vorliegende Arbeit behandelt ausschließlich die neutrale Schichtung, was gleichbedeutend mit einer isothermen Strömung ist. Daraus resultiert eine von der Höhe unabhängige Temperatur $\partial_z T = 0$ und eine konstante kinematischen Viskosität $\nu = 1{,}46 \cdot 10^{-5}\,\mathrm{m^2 s^{-1}}$ (Luft bei $T = 15\,°\mathrm{C}$).

2.1.1 Die inkompressiblen Navier-Stokes-Gleichungen

Eine der wichtigsten Erhaltungsgleichungen in der Strömungsmechanik ist die Kontinuitätsgleichung oder Erhaltung der Masse. Betrachtet man ein durchströmtes Einheitsvolumen, so muss im inkompressiblen Fall über die Seitenflächen genau soviel Masse hinein wie hinaus transportiert werden. Dies als Bilanz für das Einheitsvolumen ausgedrückt, ergibt

$$\partial_i u_i = 0, \tag{2.1}$$

wobei u_i oder $(u,v,w)^{\mathrm{T}}$ die kartesischen Komponenten des Geschwindigkeitsvektors $\mathbf{u}$ darstellt. In dieser Arbeit wird überwiegend die Indexschreibweise in kartesischen Koordinaten verwendet. Es gilt zudem die Einstein-Konvention: Wenn ein Index zweimal vorkommt, so wird über diesen summiert.

Eine weitere fundamentale Erhaltungsgleichung ergibt sich aus dem zweiten Newton'schen Axiom: Kraft ist gleich Masse mal Beschleunigung. Bereits der französische Ingenieur C. L. Navier (1785 – 1836) und der britische Mathematiker und Physiker G. G. Stokes (1819 – 1903) leiteten daraus eine Bewegungsgleichung für Flüssigkeiten und Gase ab. Die Erhaltungsgleichung (in kartesischen Koordinaten jeweils eine Gleichung pro Koordinatenrichtung) stellt eine Bilanz für die zeitliche Änderung des Impulses auf, verursacht durch die auf das Einheitsvolumen wirkenden Kräfte. Die inkompressible Form der Impulserhaltungsgleichungen lautet

$$\partial_t u_i + \partial_j (u_j \, u_i) = -\frac{1}{\rho} \partial_i p + \partial_j (2 \, \nu \, S_{ij}) + f_i. \tag{2.2}$$

Die beiden Terme auf der linken Seite der Gleichung markieren die zeitliche Änderung des Impulses und den Transport aufgrund von Konvektion. Der erste Term auf der rechten Seite bezeichnet den Gradienten des statischen Druckes p, gefolgt vom Transport durch Diffusion, auch Reibungsterm genannt. Der Diffusionsterm beinhaltet den symmetrischen Deformationstensor $S_{ij} = \frac{1}{2} (\partial_j u_i + \partial_i u_j)$, für den außerdem gilt: $S_{kk} = 0$.

Der letzte Term f_i steht für zusätzliche Volumenkräfte, wie zum Beispiel die Schwerekraft $f_i = g_i$, die aber für inkompressible, isotherme Strömungen zum hydrostatischen Druck zusammengefasst wird: $p^* = p + \rho \, g_i$ (Ferziger & Perić, 2008). Eine weitere, vor allem in der Meteorologie bedeutende Volumenkraft ist die Corioliskraft. Dabei handelt es sich um eine Scheinkraft, die der Tatsache geschuldet ist, dass das Newton'sche Axiom nur in einem raumfesten, beschleunigungsfreien Koordinatensystem gilt. Für das in der Meteorologie gebräuchliche erdgebundene Koordinatensystem trifft diese Voraussetzung allerdings nicht zu und es müssen Schein- bzw. Trägheitskräfte berücksichtigt werden. Die vorliegende Arbeit beschränkt sich jedoch auf die Prandtl-Schicht, also den untersten Teil der Atmosphäre, in welcher die Corioliskraft nur eine untergeordnete Rolle spielt (Kraus, 2004*a*; Lumley & Panofsky, 1964). Zum Schluss sei noch erwähnt, dass durch die numerische Methode bzw. die Behandlung der Ränder des Lösungsgebietes oder auch infolge der Modellierung bestimmter Effekte, wie beispielsweise des Einflusses der Vegetation, weitere Volumenkräfte auftreten können. Die Gleichungen (2.1) und (2.2) werden in der Strömungsmechanik als Navier-Stokes-Gleichungen bezeichnet.

2.1.2 Eigenschaften der inkompressiblen Navier-Stokes-Gleichungen

Mit Hilfe der Navier-Stokes-Gleichungen lässt sich die Bewegung eines viskosen Fluids vollständig beschreiben. Folglich ist es egal, ob es sich um eine laminare oder um eine turbulente Strömung handelt. Da die Definition von Turbulenz gelegentlich leicht variiert, sei hier auf die einschlägige Literatur zum Thema verwiesen (Ferziger & Perić, 2008; Fröhlich, 2006; Pope, 2000; Spurk & Aksel, 2006).

Turbulente Strömungen – und um solche handelt es sich in der unteren Atmosphäre und in Vegetationsschichten – werden bereits seit dem späten 19. Jahrhundert intensiv erforscht

(Boussinesq, 1897). Aufgrund der Tatsache, dass die in der Strömung enthaltenen Wirbel einerseits ein sehr großes Spektrum unterschiedlicher Größen- und Zeitskalen aufweisen und es sich andererseits bei den Navier-Stokes-Gleichungen um ein gekoppeltes partielles Differentialgleichungssystem 2. Ordnung handelt, ist weder eine analytische noch eine numerische Lösung einfach.

Versucht man, die inkompressiblen Navier-Stokes-Gleichungen im Unterschall zu klassifizieren, stellt man fest, dass sich räumliche Informationen in alle Richtungen ausbreiten und im Raum ein elliptisches Problem vorliegt. Im Gegensatz dazu breiten sich Informationen in der Zeit nur in eine Richtung, nämlich vorwärts, aus und man hat es in der Zeit mit einem parabolischen Problem zu tun. Die inkompressiblen Navier-Stokes-Gleichungen im Unterschall sind also von einem gemischt parabolisch-elliptischem Typ (Ferziger & Perić, 2008). Dies muss bei der Auswahl einer numerischen Methode und der damit verbundenen Diskretisierung berücksichtigt werden. Außerdem sind entsprechende Anfangs- und Randbedingungen notwendig, um die inkompressiblen Navier-Stokes-Gleichungen erfolgreich zu lösen.

2.2 Die Methode der Grobstruktursimulation

Einen aktuellen Überblick über die verfügbaren numerischen Methoden und finiten Approximationen zur Diskretisierung der Ableitungen findet man in Ferziger & Perić (2008) und in Fröhlich (2006). Die drei wichtigsten numerischen Verfahren – direkte numerische Simulation (DNS), Grobstruktursimulation (engl. Large-Eddy Simulation, LES) und Simulation auf Basis der Reynolds-gemittelten Navier-Stokes-Gleichungen (engl. Reynolds-averaged Navier-Stokes, RANS) – werden im Folgenden kurz erläutert, bevor auf die Erfordernisse einer Grobstruktursimulation für Vegetationsschichten detailliert eingegangen wird.

Abbildung 2.1 illustriert die „Skalen-Problematik“ turbulenter Strömungen in der Atmosphäre. Ein Orkantief, „Franziska“, ist in der oberen linken Ecke gut sichtbar. Es hat eine typische Ausdehnung von mehreren hundert bis tausend Kilometern. Dazu kommen viele kleinere, längliche Wolkenformationen mit Ausdehnungen von einigen Kilometern, die sich entlang der deutschen Mittelgebirge erstrecken. Im Gegensatz dazu spielen sich die Prozesse zur Bildung und Auflösung von Wolken im Bereich weniger Millimeter ab. Anhand dieses einfachen Beispiels wird deutlich, auf welch enormem Spektrum von Zeit- und Größenskalen die turbulente kinetische Energie – also die von den Wirbeln beinhaltete kinetische Energie – verteilt sein kann. Die Entstehung der Turbulenz, der Zerfall in immer kleinere Skalen und letztendlich deren Dissipation auf Höhe der Kolmogorov-Längenskala, welche für Vegetationsschichten bei circa 1 mm liegt (Kaimal & Finnigan, 1994), ist zudem mit einem Energietransport assoziiert und wird als Energiekaskade bezeichnet (Lumley & Panofsky, 1964). Das Spektrum und der Energiefluss müssen von einer numerischen Methode entweder vollständig berechnet oder aber zumindest teilweise modelliert werden.

Ersteres geschieht bei einer direkten numerischen Simulation und erklärt auch die extrem hohen Rechenzeiten, die mit dieser Methode verbunden sind. Alle turbulenten Strukturen, also die größten und auch die kleinsten, werden durch das numerische Gitter aufgelöst und direkt berechnet. Dies ist heutzutage nur für wenige, zumeist akademische Problemstellungen, wie beispielsweise eine turbulente Plattengrenzschicht, möglich (Schlatter & Örlü, 2010).

Im Gegensatz dazu steht die Simulation auf der Basis der Reynolds-gemittelten Navier-Stokes-Gleichungen, bei der eine Mittelung alle turbulenten Schwankungen eliminiert. Demzufolge muss das gesamte Spektrum mit Hilfe eines geeigneten Turbulenzmodells reprä-

Abbildung 2.1: Radiometeraufnahme der Bundesrepublik Deutschland am 25.11.2012 durch den amerikanischen Wettersatelliten NOAA-19. In der oberen linken Ecke ist das Orkantief „Franziska“ zu sehen. © Deutscher Wetterdienst.

sentiert werden. Die relativ kurzen Rechenzeiten machen dieses Verfahren für industrielle Anwendungen interessant. Beispielsweise wurden im Rahmen der Entwicklung eines neuen Fußballs zur Weltmeisterschaft 2006 in Deutschland entsprechende RANS-Simulationen durchgeführt, um seine Flugeigenschaften zu untersuchen (Hanna, 2006). Problematisch ist jedoch die Übertragbarkeit der jeweiligen Ansätze zur Modellierung auf andere Strömungen, sodass bei einem Wechsel der Anwendung häufig aufwändige Anpassungen notwendig sind.

Einen Kompromiss zwischen den beiden vorherigen Verfahren stellt die Grobstruktursimulation dar. Das in den späten 70er und 80er Jahren in der Meteorologie entwickelte Verfahren (Moeng, 1984; Moin et al., 1978; Schumann, 1975; Smagorinsky, 1963) basiert auf der Idee, dass die kleinskalige Turbulenz überwiegend homogen und isotrop ist und zudem wenig kinetische Energie enthält. Sie sollte daher einfacher zu modellieren sein als das gesamte Spektrum und die Modelle sollten sich besser auf andere Strömungen übertragen lassen. Die Ausdehnung und die Dynamik der großen, anisotropen und energiereichen Skalen werden hingegen direkt berechnet. Die Einteilung in aufgelöste und modellierte Skalen erfolgt anhand eines Filters. Trotzdem ist eine Mindestauflösung (insbesondere in der Nähe fester Wände) und ein durch die anschließende Statistik reglementierter Zeitschritt erforderlich. Dennoch lassen sich die Simulationskosten im Vergleich zu einer DNS senken und damit auch komplexere Geometrien und höhere Reynoldszahlen realisieren. Die fortschreitende Entwicklung der modernen Computer hat die Grobstruktursimulation zudem für industrielle Anwendungen interessant gemacht. Details zur Methode finden sich beispielsweise in Fröhlich (2006) oder in Piomelli et al. (1987) und Piomelli (1998), wobei Letztere auch den historischen Werdegang der Grobstruktursimulation beleuchten.

Moderne Entwicklungen versuchen mittlerweile, die Vorteile der verschiedenen Methoden miteinander zu kombinieren. Vielversprechend erscheinen Hybrid-Methoden, also eine Kombination von Grobstruktursimulation und Verfahren auf der Basis der Reynolds-gemittelten Navier-Stokes-Gleichungen (Fröhlich & von Terzi, 2009).

2.2.1 Die gefilterten Navier-Stokes-Gleichungen

Die Grundidee der Grobstruktursimulation ist die Unterteilung in aufgelöste und nicht aufgelöste Turbulenz, was mit Hilfe einer Filterungsoperation realisiert wird:

$$\overline{u}_i(x) = \int_V G(x, x'')\, u_i(x'')\, \mathrm{d}x''. \tag{2.3}$$

Durch die Filterfunktion $G(x, x'')$ zerlegt man die Geschwindigkeit in einen aufgelösten Anteil $\overline{u}_i$ und einen nicht aufgelösten Anteil u_i'' und es gilt: $u_i = \overline{u}_i + u_i''$.

Bereits Deardorff (1970) und Smagorinsky (1963) entwickelten in den Anfängen der Grobstruktursimulation den Rechteck-Filter (auch Box- oder Top-Hat-Filter genannt). Er stellt im Prinzip einen lokalen Mittelwert um den jeweiligen Gitterpunkt dar, dabei entspricht die Filterweite häufig der Gitterschrittweite Δ. Ein solcher Rechteck-Filter wird auch in der später vorgestellten C++-Bibliothek OpenFoam (Abschnitt 2.3) verwendet. Als alternative Filtertechnik kommt der von Leonard (1975) entwickelte Gauss-Filter oder in Spektral-Verfahren der Fourier-Cutoff-Filter zur Anwendung.

Wendet man die Filterungsoperation auf die inkompressiblen Navier-Stokes-Gleichungen (Gleichungen 2.1 und 2.2) an, erhält man

$$\begin{aligned} \partial_i \overline{u}_i &= 0 \\ \partial_t \overline{u}_i + \partial_j (\overline{u}_j\, \overline{u}_i) &= -\frac{1}{\rho} \partial_i \overline{p} + \partial_j (2\, \nu\, \overline{S}_{ij}) + \partial_j \tau_{ij} + \overline{f}_i \end{aligned} \tag{2.4}$$

mit $\overline{S}_{ij} = \frac{1}{2} \left(\partial_j \overline{u}_i + \partial_i \overline{u}_j \right)$ als gefiltertem Deformationstensor. Die Auswirkungen der nicht aufgelösten Turbulenz (gern als Feinstruktur, oder engl. Subgrid-Scale bezeichnet) auf die aufgelösten Skalen wird durch die Feinstrukturspannungen oder Kleinskalen-Reynolds-Spannungen ausgedrückt (Lilly, 1967):

$$\tau_{ij} = -\left(\overline{u_i u_j} - \overline{u}_i\, \overline{u}_j \right). \tag{2.5}$$

Sie sorgen für die notwendige Dissipation, also die Umwandlung von turbulenter kinetischer Energie in innere Energie, und können nicht mit Hilfe der gefilterten Geschwindigkeiten ausgedrückt werden. Daraus resultiert ein Schließungsproblem und es bedarf eines sogenannten Feinstrukturmodells, um ein vollständig definiertes Gleichungssystem zu erhalten.

2.2.2 Das Feinstrukturmodell

Die Hauptaufgabe eines Feinstrukturmodells besteht darin, den Energiefluss, der durch die Energiekaskade (Lumley & Panofsky, 1964) vorgegeben ist, sicherzustellen. Im Mittel wird dabei turbulente kinetische Energie durch den Zerfall der turbulenten Strukturen von den großen zu den kleinen Skalen transportiert und letztendlich durch Dissipation in innere Energie umgewandelt. Feinstrukturmodelle müssen also hinreichend viel turbulente kinetische Energie von den großen Skalen entfernen und genügend Dissipation bereitstellen.

Es gibt eine Vielzahl unterschiedlich komplexer Feinstrukturmodelle (Übersicht in Fröhlich, 2006). Mit der Annahme, dass die Turbulenz auf den kleinen Skalen eher homogen und isotrop ist, und mit einer stetig steigenden Rechenleistung sollten aber auch einfache Modelle zunehmend in der Lage sein, die Physik richtig wiederzugeben. Die bekanntesten Feinstrukturmodelle sind Wirbelviskositätsmodelle (Sagaut, 1998) und davon abgeleitete dynamische Varianten (Germano et al., 1991). Als Alternativen haben sich Skalenähnlichkeitsmodelle (Meneveau & Katz, 2000) und in der jüngsten Vergangenheit die implizite Grobstruktursimulation etabliert (Adams & Hickel, 2009).

In der Meteorologie, und vor allem bei der numerischen Simulation der atmosphärischen Grenzschicht, sind die Wirbelviskositätsmodelle nach wie vor sehr beliebt. Besonders häufig findet man dabei Feinstrukturmodelle, die eine zusätzliche partielle Differentialgleichung für den Transport der nicht aufgelösten turbulenten kinetischen Energie

$$\overline{k''} = \frac{\overline{u_i'' u_i''}}{2} \tag{2.6}$$

beinhalten (Shaw & Schumann, 1992). Sie wurde zuerst von Lilly (1967) vorgestellt und in Fröhlich (2006) detailliert hergeleitet:

$$\begin{aligned} \partial_t \overline{k''} + \partial_j(\overline{u}_j \, \overline{k''}) = &- \frac{1}{2} \partial_j(\overline{u_i \, u_i \, u_j} - \overline{u_i \, u_i} \, \overline{u}_j) + \partial_j(\overline{u_j \, p} - \overline{u}_j \, \overline{p}) \\ &+ \partial_j(\nu \, \partial_j \overline{k''}) + \partial_j(\tau_{ij} \overline{u}_j) - \nu \left[\overline{(\partial_j u_i)^2} - (\partial_j \overline{u}_i)^2 \right] + \tau_{ij} \overline{S}_{ij}. \end{aligned} \tag{2.7}$$

Die beiden Terme auf der linken Seite der Gleichung bezeichnen die zeitliche Änderung und den konvektiven Transport durch die aufgelöste Strömung. Auf der rechten Seite finden sich Terme zur Beschreibung des turbulenten Transports, der durch den Druck hervorgerufenen Diffusion, der Diffusion aufgrund von Reibung, des Transports durch die Feinstrukturspannungen, der viskosen Dissipation und letztendlich der Produktion der nicht aufgelösten turbulenten kinetischen Energie. Dieser Produktionsterm ist in der Regel aufgrund der Energiekaskade positiv (engl. forward scatter), kann in einzelnen Fällen aber durchaus auch negativ werden (engl. back scatter).

Mit Hilfe eines Boussinesq-Ansatzes werden die Feinstrukturspannungen in Gleichung (2.4) durch eine zusätzliche, räumlich variable turbulente Viskosität ν_r ersetzt:

$$\tau_{ij} = 2 \, \nu_r \, \overline{S}_{ij} - \frac{2}{3} \, \delta_{ij} \, \overline{k''} \tag{2.8}$$

$$\nu_r = C_\nu \, \ell \, \overline{k''}^{1/2}. \tag{2.9}$$

In der oberen Gleichung kennzeichnet δ_{ij} das Kronecker-Delta und ℓ die Filterlängenskala, die nach Deardorff (1970) für anisotrope Gitter wie folgt definiert ist:

$$\ell = (\Delta_x \, \Delta_y \, \Delta_z)^{1/3}. \tag{2.10}$$

Der Vollständigkeit halber sollte noch erwähnt werden, dass der zweite Term in Gleichung (2.8) üblicherweise gemeinsam mit der Schwerekraft und dem statischen Druck zu einem Hilfsdruck zusammengefasst wird.

Betrachtet man Gleichung (2.7) genauer, muss man feststellen, dass weiterhin kein vollständiges und damit lösbares Gleichungssystem vorliegt. Die enthaltenen Dreifachkorrelationen der Geschwindigkeit $\overline{u_i \, u_i \, u_j}$ und die Druckdiffusion machen zusätzliche Annahmen notwendig. Die radikalste Vereinfachung wäre die Voraussetzung des turbulenten Gleichgewichts. Darunter versteht man, dass die auf den nicht aufgelösten Skalen erzeugte turbulente kinetische Energie sofort dissipiert und Gleichung (2.7) sich auf das sogenannte Smagorinsky-Modell reduziert (Smagorinsky, 1963). Dieses Feinstrukturmodell gilt als sehr robust, allerdings ist die Annahme des turbulenten Gleichgewichts, insbesondere bei Strömungen mit starker Scherung und hoher Inhomogenität, erst bei sehr kleinen Skalen erfüllt (Fröhlich, 2006).

Mit einer vereinfachten Version von Gleichung (2.7) stellte Deardorff (1980) eine Alternative zum bis dahin überwiegend eingesetzten Smagorinsky-Modell vor und verwendete sie erfolgreich für seine Grobstruktursimulationen von Stratocumulus-Wolken in der höheren Atmosphäre. Zunächst wird mit Hilfe der Kolmogorov-Hypothese die viskose Dissipation proportional zu $\ell^{-1}\,\overline{k''}^{3/2}$ gesetzt. Alle verbleibenden Terme, die einer Modellierung bedürfen, werden in einer zusätzliche Diffusion zusammengefasst und man erhält

$$\partial_t \overline{k''} + \partial_j(\overline{u}_j\,\overline{k''}) = \partial_j(2\,\nu_r\,\partial_j \overline{k''}) - C_E \frac{\overline{k''}^{3/2}}{\ell} + \tau_{ij}\overline{S}_{ij}. \tag{2.11}$$

Zusammen mit den gefilterten Navier-Stokes-Gleichungen (Gleichung 2.4) ergibt sich ein vollständig definiertes und lösbares System partieller Differentialgleichungen. Die Bestimmung der enthaltenen Konstanten $C_\nu = 0{,}0857$ und $C_E = 0{,}845$ erfolgt entsprechend Schmidt & Schumann (1989). Es fehlen allerdings noch geeignete Modifikationen zur Berücksichtigung des Einflusses der Vegetation auf die aufgelösten und nicht aufgelösten Skalen.

2.2.3 Modifikationen für die Behandlung der Vegetation

Um den Einfluss der Vegetation auf die Strömung in der unteren Atmosphäre überhaupt numerisch untersuchen zu können, muss diese natürlich im Modell berücksichtigt werden. Naheliegend wäre die Auflösung durch das numerische Gitter und die Anwendung einer entsprechenden Randbedingung auf der Pflanzenoberfläche. Bei genauerer Betrachtung einer Vegetationsdecke, die definiert ist als die Summe der Blätter, Zweige, Äste, Stämme und Wurzeln, wird deutlich, dass die vollständige Auflösung eines gesamten Forstbestandes – sofern man überhaupt in der Lage wäre, diesen digitalisieren zu können – selbst mit den modernsten Hochleistungsrechnern auf lange Sicht unwahrscheinlich bleibt.

Für Baumgruppen scheint der von Chester & Meneveau (2007) und Chester et al. (2007) beschriebene Ansatz der fraktalen Bäume vielversprechend zu sein. Die gröberen Vegetationsstrukturen werden dabei geometrisch durch eine hierarchische Kombination von quadratischen Balken unterschiedlicher Größe idealisiert (Abbildung 2.2). Gleichwohl muss aufgrund fehlender Rechenleistung für die Blätter und die kleineren Äste eine andere Darstellung gefunden werden. Außerdem bewegen sich diese typischerweise in der Strömung und es findet eine sogenannte Fluid-Struktur-Interaktion statt (Dupont et al., 2010; Gosselin & de Langre, 2009; de Langre, 2008). Um das Problem zu umgehen, werden die kleineren Vegetationselemente in den Navier-Stokes-Gleichungen als aerodynamischer Widerstand betrachtet, welcher der Strömung entgegenwirkt. Die Berücksichtigung des Einflusses auf die nicht aufgelöste Turbulenz erfolgt im Feinstrukturmodell.

2.2.3.1 Die Vegetation als aerodynamischer Widerstand

Die Vegetationsdecke wird durch eine Verteilung von Widerstandselementen repräsentiert (Kaimal & Finnigan, 1994) und ähnelt dabei einem porösen Medium (de Lemos, 2006). Der aerodynamische Widerstand eines umströmten Körpers setzt sich allgemein zusammen aus Reibungs-, Druck- und Wellenwiderstand, wobei Letzterer nur bei sehr hohen Machzahlen auftritt. Untersuchungen von Thom (1975) für die Strömung um ein einzelnes Blatt zeigen, dass der Reibungs- vom Druckwiderstand dominiert wird und vernachlässigt werden kann. Ähnliche Untersuchungen, allerdings mit Grobstruktursimulationen, führten Shaw & Patton (2003) für einen Forstbestand durch. Die Bestimmung des Reibungswiderstands einzelner Pflanzenbestandteile erfolgte durch die Annahme einer turbulenten Plattengrenzschicht nach Schlichting & Gersten (2000). Am Ende bestätigten die Autoren jedoch die Aussage von Thom (1975).

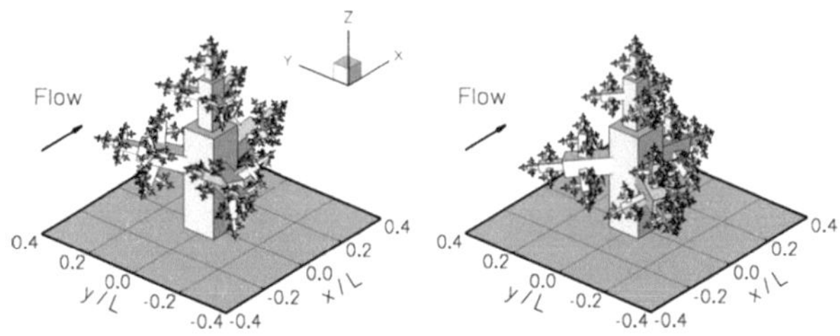

Abbildung 2.2: Darstellung der Idee der fraktalen Bäume nach Chester & Meneveau (2007). Die idealisierten Bäume bestehen aus unterschiedlich dicken quadratischen Balken, die hierarchisch um den ebenfalls quadratischen Baumstamm angeordnet sind. Die Abbildung wurde mit freundlicher Genehmigung von Springer Science and Business Media aus dem Artikel von Chester & Meneveau (2007) in der Zeitschrift Environmental Fluid Mechanics entnommen.

Der aerodynamische Widerstand der Vegetationsschicht geht als zeitabhängige Volumenkraft in die gefilterten Navier-Stokes-Gleichungen (Gleichung 2.4) ein und lautet nach Thom (1975)

$$\overline{f}_{i,v} = C_W \, a \, |\overline{\mathbf{u}}| \, \overline{u}_i, \tag{2.12}$$

wobei $|\overline{\mathbf{u}}|$ den Betrag des lokalen Geschwindigkeitsvektors, a die einseitige Blattflächendichte und C_W den isotropen Widerstandsbeiwert kennzeichnet.

Der Widerstandsbeiwert wird in Windkanaluntersuchungen für einzelne Pflanzenbestandteile mit $C_W \approx 0{,}5$ meist deutlich zu hoch bestimmt. Die Ursache hierfür ist bei einem Spaziergang im Wald schnell gefunden. Die meisten Bäume stehen im Windschatten, nur wenige Bäume sind der freien Anströmung vollständig ausgesetzt. Hinzu kommt, dass viele Bäume in der Lage sind, sich der Strömung anzupassen. Typischerweise liegt der effektive Widerstandsbeiwert eines Laubwaldes daher deutlich niedriger bei $C_W = 0{,}15$ (Shaw et al., 1988). Für diese Differenz zwischen dem im Labor bei gleichmäßiger Strömung und dem im Freiland unter realen Bedingungen bestimmten Wert prägen Raupach & Thom (1981) den Begriff des „Shelter“-Effekts.

Leider ist das Pflanzenmaterial in einer Vegetationsschicht normalerweise nicht gleichmäßig verteilt und weist eine Vielzahl unterschiedlicher Formen und Größen auf. Dadurch variieren die lokalen Eigenschaften und es müssen weitere Parameter zur Charakterisierung gefunden werden. Kraus (2008) unterscheidet unter anderem die Dichte (als Masse pro Volumen oder Masse pro Grundflächeneinheit), die Homogenität (vereinzelte Bäume oder eher ein geschlossener, gleichmäßiger Bestand), die biologischen Eigenschaften der Blätter und Nadeln, den Albedo (beschreibt das kurzwellige Reflexionsvermögen der Vegetation) und die Rauigkeit.

Der lokale aerodynamische Widerstand wird hauptsächlich durch die Dichte und die Homogenität beeinflusst. Dazu benötigt man eine Information über die räumliche Verteilung des Vegetationsmaterials. Das geeignete Maß ist die einseitige Blattflächendichte (SI-Einheit: $\mathrm{m^2\,m^{-3}}$, a in Gleichung 2.12). Sie bezeichnet die Gesamtfläche aller Vegetationselemente pro Volumeneinheit. Dabei wird die Blattfläche nur einseitig und ohne Beachtung der

Orientierung des Blattes berücksichtigt. Integriert man die Blattflächendichte über eine gedachte Säule von $z = 0$ bis zur Höhe des Bestandes h_B

$$\mathrm{LAI} = \int_0^{h_B} a(z)\,\mathrm{d}z, \tag{2.13}$$

so erhält man die Gesamtfläche aller Vegetationselemente pro Grundflächeneinheit, den Blattflächenindex LAI (SI-Einheit: $\mathrm{m^2\,m^{-2}}$).

2.2.3.2 Die Modifikation im Feinstrukturmodell

Die Auswirkung der Vegetationsschicht auf die aufgelöste Strömung wird durch die von den Widerstandselementen verursachte Volumenkraft (Gleichung 2.12) in den gefilterten Navier-Stokes-Gleichungen (Gleichung 2.4) unmittelbar berücksichtigt. Deren Einfluss auf die nicht aufgelösten Skalen muss allerdings modelliert werden. Die Widerstandselemente erzeugen stromab einen turbulenten Nachlauf, welcher durch kleinskalige Turbulenz (engl. wake-scale, Raupach & Shaw, 1982) und eine erhöhte Dissipation gekennzeichnet ist. Diese erhöhte Dissipation stellt nach Meinung von Kaimal & Finnigan (1994) eine Abkürzung im Vergleich zum normalen Energiefluss der Energiekaskade dar.

Heutige Hochleistungsrechner erlauben mittlerweile eine Gitterauflösung von bis zu 15 Gitterpunkten pro Baumhöhe. Für einen im Mittel 30 m hohen Wald werden erst Wellenlängen, die kleiner als 2 m sind, nicht mehr aufgelöst. Die charakteristische Längenskala der Vegetationselemente beträgt im Gegensatz dazu circa 0,1 m (Shaw & Patton, 2003). Demzufolge handelt es sich im Sinne der Grobstruktursimulation um nicht aufgelöste turbulente kinetische Energie. Die Skala der Turbulenz im Nachlauf ist jedoch mindestens eine Größenordnung kleiner als die energiereichen nicht aufgelösten Wirbel (Shaw & Patton, 2003).

Auf der Grundlage aufwändiger Studien folgerten Shaw & Seginer (1985) und Wilson (1988), dass die von den Nachläufen erzeugte turbulente kinetische Energie gering ist und sehr schnell dissipiert. Motiviert durch diese Ergebnisse führten Shaw & Schumann (1992) einen zusätzlichen Dissipationsterm in ihrem Feinstrukturmodell (Gleichung 2.11) ein, welcher die zusätzliche Dissipation durch das Vorhandensein der Vegetation pro Zeiteinheit berücksichtigt

$$\epsilon_v = -2\,\frac{\overline{k''}}{\tau}, \tag{2.14}$$

wobei $\tau = u_i/\overline{f}_{i,v}$ für die Zeitskala der Dissipation steht. Bestätigt wurde der Ansatz durch die numerischen Untersuchungen von Shaw & Patton (2003), die ihr Feinstrukturmodell um eine weitere Transportgleichung für eben jene im Nachlauf erzeugte turbulente kinetische Energie erweiterten. Nach Auswertung der Ergebnisse kommen die Autoren jedoch zu dem Schluss, dass der Ansatz von Shaw & Schumann (1992) ausreichend ist.

Das Feinstrukturmodell wurde gemeinsam mit dem Ansatz für den aerodynamischen Widerstand einer Vegetationsschicht von Shaw & Schumann (1992) zuerst in einer Grobstruktursimulation verwendet und gilt seitdem als Standard. Es gab und gibt immer wieder Versuche, das Feinstrukturmodell zu verbessern, beispielsweise indem zusätzliche Widerstandsterme oder Transportgleichungen eingeführt werden, jedoch meist ohne den gewünschten Erfolg. Da das Modell in der Vergangenheit bereits gute Übereinstimmungen mit Messkampagnen für unterschiedliche Forstbestände lieferte (siehe Abschnitt 2.4), wird es auch in der vorliegenden Arbeit als Grundlage verwendet.

2.3 Das Werkzeug – Die Bibliothek OpenFoam

Der Aufwand zur Berechnung reduziert sich durch die Verwendung der im vorherigen Abschnitt vorgestellten Methode der Grobstruktursimulation, indem man das numerische Gitter für den jetzt folgenden Schritt der Diskretisierung gröber wählen kann. Nachteilig daran ist, dass man eine weitere partielle Differentialgleichung für die nicht aufgelöste turbulente kinetische Energie lösen muss. In einem weiteren Schritt werden jetzt die Orts- und Zeitableitungen in den Gleichungen (2.4) und (2.11) durch diskrete Operatoren auf einem numerischen Gitter ersetzt, sogenannte finite Approximationen. Anschließend erhält man ein algebraisches Gleichungssystem, welches sich mit einem geeigneten Verfahren (eine Auswahl findet sich in Golub & Loan, 1996) numerisch lösen lässt. Die verschiedenen, im Laufe der Zeit entwickelten Diskretisierungen besprechen ausführlich Ferziger & Perić (2008) oder im Kontext der Meteorologie Durran (1999). Als eine der ältesten und auch heute noch eingesetzten Varianten gelten die Finiten-Differenzen. Weiterhin sind Finite-Elemente (Stiller et al., 2004), Finite-Volumen (Ferziger & Perić, 2008; Hirsch, 2007; Patankar, 1980) oder Spektral-Verfahren (Karniadakis & Sherwin, 1999) in unterschiedlichen Formen, Programmen und Bibliotheken in der numerischen Strömungsmechanik in Gebrauch.

Die vorliegende Arbeit baut auf der am 22.08.2005 erstmalig veröffentlichten C++-Bibliothek OpenFoam der Firma OpenCFD Ltd.[1] auf. Frei unter der öffentlichen GNU-Lizenz zur Verfügung stehend, erfreut sie sich zunehmender Beliebtheit im akademischen und industriellen Umfeld und kommt für vielfältige Aufgabenstellungen, etwa im Turbinenbau (Nilsson, 2007), in der Medizin (Dooley & Quinlan, 2009) oder auch bei der Simulation des Eintritts von Raumsonden in die Atmosphäre des Mars (Bansal et al., 2012), zum Einsatz. Ähnlich wie die kommerzielle Software Ansys Fluent[2] basiert OpenFoam auf einer robusten und für komplexe Geometrien geeigneten Finite-Volumen-Methode. Allerdings ist es nach persönlichen Messungen des Autors bis zu zehnmal schneller als Ansys Fluent und besser für die Anwendung auf Hochleistungsrechnern optimiert.

Es soll noch angemerkt werden, dass der folgende Abschnitt die Finiten-Volumen-Methode nicht allumfassend erläutert. Dafür existiert bereits umfangreiche Literatur (zum Beispiel Ferziger & Perić, 2008; Hirsch, 2007; Patankar, 1980). Es werden auch nicht alle in OpenFoam implementierten Varianten der Diskretisierung und die verfügbaren numerischen Lösungsmethoden besprochen. Vielmehr sollen die Besonderheiten und die gewählten Einstellungen der Bibliothek für eine Grobstruktursimulation der Strömung durch Vegetationsschichten diskutiert werden. Darüber hinaus beschreiben beispielsweise Weller et al. (1998) die Vorteile der verwendeten objektorientierten Programmierung und geben Einblick in die Implementierung von OpenFoam. Details zur Diskretisierung und dem Verfahren zur numerischen Lösung des Gleichungssystems sowie Konvergenz- und Fehleranalysen findet man in Jasak (1996). Darüber hinaus legt de Villiers (2006) den Schwerpunkt auf die Besonderheiten bei der Anwendung von OpenFoam für Grobstruktursimulationen.

2.3.1 Grundlagen der verwendeten Finite-Volumen-Methode

Im Allgemeinen wird bei einer Finite-Volumen-Methode das Lösungsgebiet in eine endliche Anzahl von Kontrollvolumina eingeteilt, die sich nicht überlappen dürfen. Die Form dieser Kontrollvolumina ist in OpenFoam nicht festgelegt; sie dürfen außerdem eine beliebige Anzahl von Nachbarn haben. Abbildung 2.3 zeigt eine Auswahl möglicher Formen, wobei

[1] `www.openfoam.com`
[2] `www.ansys.com`

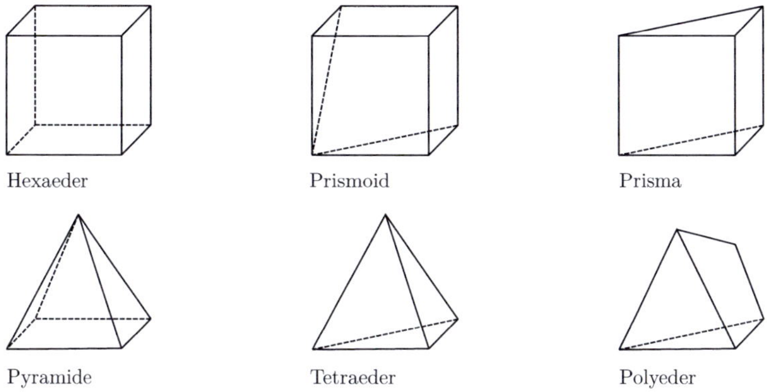

Abbildung 2.3: Mögliche Formen der zur Diskretisierung verwendeten Kontrollvolumina

in der vorliegenden Arbeit ausschließlich Hexaeder aufgrund deren höherer Genauigkeit verwendet werden.

Durch ein kartesisches Gitter werden die Eckpunkte der Kontrollvolumina festgelegt, welche allerdings nicht zur Berechnung dienen. Die eigentlichen Rechenknoten, also die Punkte, an denen die Variablenwerte gespeichert werden, befinden sich im Schwerpunkt des Kontrollvolumens. Man spricht von einer nicht versetzten Variablenanordnung auf einem unstrukturierten, nicht orthogonalen Gitter (Ferziger & Perić, 2008). Die Orthogonalität wird bei Finiten-Volumen anhand des Winkels zwischen dem Normalenvektor $\mathbf{n}$ einer Seite des Kontrollvolumens und der Verbindungsstrecke PN zwischen den benachbarten Zentren gemessen (siehe Abbildung 2.4). Vorteilhaft an einem unstrukturierten, nicht orthogonalen Gitter ist, dass es sich besser an die Geometrie und die Strömung anpassen lässt und damit Gitterpunkte und Rechenzeit einspart. Probleme mit der Stabilität, auftretende unphysikalische Lösungen und ein erhöhter Speicherbedarf können die Vorteile allerdings wieder aufwiegen.

Finite-Volumen basieren grundsätzlich auf der integralen Form einer Erhaltungsgleichung, die für jedes Kontrollvolumen gelten muss. Aufsummiert über alle Kontrollvolumina gilt sie damit auch für das gesamte Lösungsgebiet. Die über das Kontrollvolumina integrierten gefilterten Navier-Stokes-Gleichungen (Gleichung 2.4) lauten beispielsweise

$$\int_V \partial_i \overline{u}_i \,\mathrm{d}V = 0$$
$$\int_V \partial_t \overline{u}_i \,\mathrm{d}V + \int_V \partial_j (\overline{u}_j\, \overline{u}_i) \,\mathrm{d}V = -\frac{1}{\rho} \int_V \partial_i \overline{p} \,\mathrm{d}V + \int_V \partial_j (2\, \nu_{eff}\, \overline{S}_{ij}) \,\mathrm{d}V + \int_V \overline{f}_i \,\mathrm{d}V, \qquad (2.15)$$

wobei V für das Integrationsvolumen steht. Weiterhin wurden die Feinstrukturspannungen τ_{ij} durch die turbulente Viskosität in Gleichung (2.8) ersetzt und mit der kinematischen zu einer effektiven Viskosität zusammengefasst: $\nu_{eff} = \nu + \nu_r$. Finite-Volumen gewährleisten damit aufgrund ihrer Konstruktion die sogenannte Konservativität, also für inkompressible Strömungen die lokale und globale Erhaltung von Masse und Impuls (Ferziger & Perić, 2008).

Bei genauerer Überlegung ist offensichtlich, dass Änderungen an der Bilanz einer Erhaltungseigenschaft ϕ – hier stellvertretend für $\overline{\mathbf{u}}$ und $\overline{k''}$ – nur durch Quellen/Senken (beispielsweise eine Volumenkraft) oder aufgrund des diffusiven oder konvektiven Transports über die Seitenflächen des Kontrollvolumens (die sogenannten diffusiven und konvektiven Flüsse) hervorgerufen werden können. Letzteres ist die Grundidee des Gauß'schen Integralsatzes und erlaubt es, die über das Volumen integrierten Ortsableitungen in Oberflächenintegrale zu überführen. Angewendet auf Gleichung (2.15) ergibt sich

$$\int_A \overline{u}_i \, n_i \, \mathrm{d}A = 0$$

$$\int_V \partial_t \overline{u}_i \, \mathrm{d}V + \int_A \overline{u}_j \, \overline{u}_i \, n_j \, \mathrm{d}A = -\frac{1}{\rho} \int_A \overline{p} \, n_i \, \mathrm{d}A + \int_A 2 \, \nu_{eff} \, \overline{S}_{ij} \, n_j \, \mathrm{d}A + \int_V \overline{f}_i \, \mathrm{d}V, \qquad (2.16)$$

wobei A die Seitenfläche und n_i die Komponente des Normalenvektors $\mathbf{n}$ senkrecht dazu kennzeichnet. Anschließend müssen noch die Zeitableitungen und die konvektiven und diffusiven Flüsse über die Seitenflächen durch finite Approximationen ersetzt werden.

2.3.2 Die finiten Approximationen

Bei der Berechnung einer instationären Strömung taucht die Zeit als eine weitere Variable in den Navier-Stokes-Gleichungen auf. Man unterteilt sie zur Diskretisierung in Zeitintervalle mit einem variablen oder konstanten Zeitschritt Δ_t, wobei Letzteres für Grobstruktursimulationen aufgrund der notwendigen Statistik bevorzugt wird. Man unterscheidet explizite und implizite Zeitschrittverfahren. Bei Ersteren hängt die neue Zeitebene nur von den Werten der Vergangenheit ab. Letztere involvieren auch zukünftige Zeitebenen und erfordern durch die notwendige Iteration einen höheren Rechenaufwand, sind aber zuverlässiger.

Mit dem Betrag der Geschwindigkeit in Hauptströmungsrichtung $|\overline{\mathbf{u}}|$ und der dazugehörigen Gitterschrittweite Δ lässt sich eine charakteristische Konvektionszeit definieren, die sogenannte Courant-Zahl

$$\mathrm{Co} = \frac{|\mathbf{u}| \, \Delta_t}{\Delta}. \qquad (2.17)$$

Man erhält damit ein Maß für die Anzahl der Gitterzellen, über die sich eine betrachtete Größe pro Zeitschritt maximal fortbewegt. Bei expliziten Verfahren sollten aus Gründen der Stabilität Courant-Zahlen kleiner als Eins angestrebt werden, implizite Verfahren erlauben theoretisch auch größere Werte.

OpenFoam stellt eine Vielzahl von expliziten und impliziten Zeitschrittverfahren zur Verfügung, die sich hauptsächlich im Rechenaufwand und im Abbruchfehler unterscheiden. Die vorliegende Arbeit folgt den Empfehlungen von Jasak (1996) und setzt auf Rückwärtsdifferenzen (engl. Backward Differencing). Dabei handelt es sich um ein implizites Zeitschrittverfahren mit drei Zeitebenen. Der Abbruchfehler hat die Dimension $\mathcal{O}(\Delta_t^2)$ und man spricht von einem Zeitschrittverfahren zweiter Ordnung (Jasak, 1996). Es bietet im Vergleich zu anderen impliziten Verfahren, wie beispielsweise der Methode nach Crank & Nicolson (1996), einen reduzierten Rechenaufwand. Allerdings generiert es für Courant-Zahlen größer als Eins eine starke zusätzliche Diffusion (Jasak, 1996) und schränkt somit den Zeitschritt für ein implizites Zeitschrittverfahren erheblich ein. Das ist aber für die instationäre Strömung in einer Grobstruktursimulation unproblematisch, da der Zeitschritt durch die notwendige Statistik limitiert wird.

Die Approximation der Ortsableitungen bzw. der Flächenintegrale ist etwas aufwändiger zu erläutern, da die Werte der Erhaltungseigenschaft ϕ auf den Seitenflächen zur Integration benötigt werden, aber nur an den Rechenknoten im Zentrum des Kontrollvolumens vorhanden sind. Zunächst kann man das Flächenintegral als Summe über die

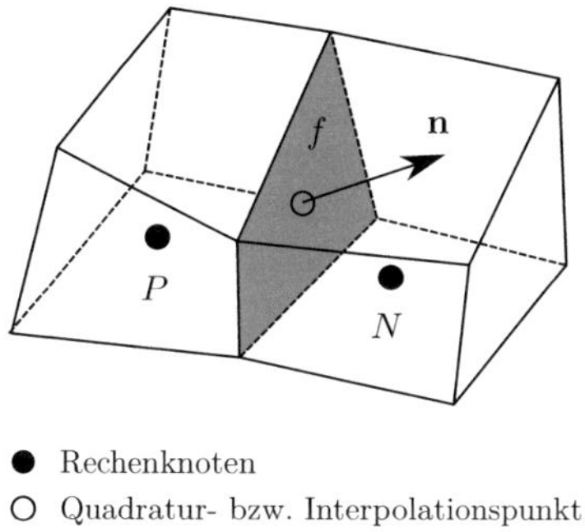

Abbildung 2.4: Kontrollvolumen für die Finite-Volumen-Diskretisierung, dabei ist P der Rechenknoten des betrachteten Kontrollvolumens, N der benachbarte Rechenknoten zur betrachteten Kontrollvolumenseite f und $\mathbf{n}$ der Normalenvektor senkrecht auf f.

sechs Seiten des Hexaeders aufteilen. Durch die Definition sogenannter Quadratur- oder Interpolationspunkte (siehe Abbildung 2.4) auf der Seitenfläche f wird das Flächenintegral als Funktion der dortigen Variablenwerte und dem Flächeninhalt angenähert. Die beste Variante der Quadratur für dreidimensionale Kontrollvolumina auf unstrukturierten, nicht orthogonalen Gittern ist die Mittelpunktsregel (Ferziger & Perić, 2008). Dazu wird die Näherung des Flächenintegrals einer jeden Seitenfläche des Kontrollvolumens aus dem Variablenwert in deren Schwerpunkt und dem Flächeninhalt gebildet. Der Abbruchfehler der Mittelpunktsregel hat die Dimension $\mathcal{O}(\Delta_i^2)$ und ist somit von Genauigkeit zweiter Ordnung.

Die Variablenwerte eines Quadraturpunktes werden mittels linearer Interpolation zwischen den benachbarten Rechenknoten P und N bestimmt:

$$\begin{aligned} \phi_f &\approx \lambda\, \phi_N + (1-\lambda)\, \phi_P \\ \lambda &= \frac{Pf}{PN}. \end{aligned} \tag{2.18}$$

P steht für das Zentrum des betrachteten Kontrollvolumens und N für dessen Nachbarn in Bezug auf die Seitenfläche f. Pf und PN sind die Entfernungen zwischen dem Rechenknoten und der Seitenfläche und zwischen den beiden benachbarten Rechenknoten. Die lineare Interpolation hat ebenfalls eine Genauigkeit zweiter Ordnung (Ferziger & Perić, 2008).

Etwaige zusätzlich auftretende Ableitungen, zum Beispiel im diffusiven Term der Navier-Stokes-Gleichungen, werden als Kombination des auf der Seitenfläche gebildeten Gradienten

$$(\partial_i \phi)_f \approx \frac{\phi_N - \phi_P}{PN} \tag{2.19}$$

und des vom Zentrum des Kontrollvolumens auf die Seitenfläche linear interpolierten Gradienten

$$(\partial_i \phi)_f \approx \lambda\, (\partial_i \phi)_N + (1-\lambda)\, (\partial_i \phi)_P \tag{2.20}$$

ausgedrückt. Dies ist notwendig, um die Ordnung der gesamten Methode aufrechtzuerhalten. Auf nicht orthogonalen Gittern garantiert die erste Approximation (Gleichung 2.19) die zweite Ordnung nicht (Jasak, 1996), bedarf aber nur der Informationen des unmittelbaren Nachbarn der Seitenfläche und kann implizit behandelt werden. Die zweite Approximation (Gleichung 2.20) gewährleistet die erforderliche Genauigkeit auch auf nicht orthogonalen Gittern, benötigt aber zur Bestimmung des Gradienten im Zentrum des Kontrollvolumens Informationen über alle umliegenden Nachbarn. Sie wird deshalb explizit behandelt, um den Rechenaufwand zu begrenzen (Jasak, 1996).

Am Ende verbleiben noch die Volumenintegrale, die ebenfalls mit der Mittelpunktsregel angenähert werden. Der Wert des Rechenknotens im Zentrum des Kontrollvolumens repräsentiert den Mittelwert und wird mit dem Volumen V multipliziert. Die Genauigkeit der Mittelpunktsregel ist auch in diesem Fall zweiter Ordnung. Eine Besonderheit tritt bei der Behandlung des aerodynamischen Widerstands der Vegetation (Gleichung 2.12) auf, da zur Berechnung des Betrags die drei Komponenten der Geschwindigkeit benötigt werden. Die dadurch erzwungene Kopplung zwischen den Impulserhaltungsgleichungen der drei Raumrichtungen würde einen hohen Aufwand bei der Lösung des algebraischen Gleichungssystems erzeugen. Die Linearisierung erfolgt durch die Bestimmung des Geschwindigkeitsbetrags aus den Werten des alten Zeitschritts.

Die gleiche Schwierigkeit hat man bei der Nichtlinearität des konvektiven Terms in den Impulserhaltungsgleichungen (Gleichung 2.15). Auch hier erfolgt die Linearisierung, indem die Vorfaktoren, also der konvektive Fluss, aus den Werten des alten Zeitschritts explizit bestimmt werden. Zusätzlich kann die Berechnung der Variablen in den Quadraturpunkten durch lineare Interpolation häufig zu Oszillationen in der Lösung führen. Die Beschränktheit, also eine sinnvolle physikalische Lösung, ist damit nicht gewährleistet. Abhilfe schafft ein Total-Variation-Diminishing (TVD)-Begrenzer nach Sweby (1984), der auf alle Konvektionsterme angewendet wird. Er erzeugt selektiv numerische Diffusion und führt eine nichtlineare Abhängigkeit der Lösung von sich selbst ein. Leider bekommt der Begrenzer bei Courant-Zahlen größer als Eins ebenfalls Probleme mit der Stabilität (Jasak, 1996). Da allerdings bereits die Zeitdiskretisierung die Courant-Zahl auf Eins begrenzt, ist das ohne Belang.

Die letzte Besonderheit betrifft den diffusiven Term in den Impulserhaltungsgleichungen. In einer inkompressiblen Strömung mit konstanter kinematischer Viskosität ν reduziert sich ein Teil des Deformationstensors $\overline{S}_{ij}$ aufgrund der Kontinuitätsgleichung zu Null:

$$\partial_j(\nu\,\partial_i\overline{u}_j) = 0.$$

Durch den Wirbelviskositätsansatz wird allerdings eine räumlich variable effektive Viskosität ν_{eff} eingeführt. Demzufolge lässt sich der Term des Deformationstensors nicht mehr kürzen und muss, wie bereits der aerodynamische Widerstand und der konvektive Term, durch explizite Behandlung linearisiert werden (Jasak, 1996).

Zusammenfassend wurde die Bibliothek OpenFoam so eingestellt, dass man eine Finite-Volumen-Methode mit einer Genauigkeit zweiter Ordnung in Raum und Zeit auf unstrukturierten, nicht orthogonalen Gittern erhält, was nach Ferziger & Perić (2008) den besten Kompromiss zwischen Genauigkeit, Einfachheit der Implementierung, Robustheit und Effizienz darstellt. Die Implementierung einer höheren Ordnung ist zwar theoretisch möglich, aber sehr kompliziert, da die Quadratur, die Interpolation und die Approximation der Ableitungen die gleiche höhere Genauigkeit aufweisen müssten. Die Lösung des linearisierten algebraischen Gleichungssystems wird im nächsten Abschnitt erläutert.

2.3.3 Numerische Lösung des Gleichungssystems

Die Linearisierung der Impulserhaltungsgleichungen ermöglicht die Anwendung von effizienten sequentiellen Algorithmen. Als hinderlich bei der Lösung des Gleichungssystems erweist sich allerdings die Suche nach einer unabhängigen Gleichung für den Druck, der in einer inkompressiblen Strömung leider keine Zustandsgröße ist.

Immerhin kann man aus den Impulserhaltungsgleichungen eine Poisson-Gleichung bzw. eine Druckkorrekturgleichung ableiten. Mit deren Hilfe wird das in einem Prädiktorschritt abgeschätzte Geschwindigkeitsfeld korrigiert und die Einhaltung der Kontinuität über den Druck gewährleistet. Eine Variante dieser als Projektionsmethoden bekannten Verfahren (Details in Ferziger & Perić, 2008) ist das von Issa (1985) entwickelte Pressure-Implizit with Splitting of Operators (PISO). OpenFoam verwendet es, zusammen mit der Korrektur nach Rhie & Chow (1983) zur Unterdrückung eventuell auftretender Druckoszillationen, für die Berechnung instationärer Strömungen. Der typische Ablauf eines Zeitschritts der Grobstruktursimulation sieht zusammengefasst wie folgt aus:

1. Am Beginn eines Zeitschritts wird die Transportgleichung des Feinstrukturmodells (Gleichung 2.11) über die Methode der bikonjugierten Gradienten (van der Vorst, 1992) mit Präkonditionierung und mit dem Geschwindigkeitsfeld aus dem vorherigen Zeitschritt gelöst. Daraus berechnet man über Gleichung (2.9) die turbulente Viskosität.

2. Es folgt der Prädiktorschritt. Dabei werden die Impulserhaltungsgleichungen mit der gleichen Methode wie in Schritt *Eins* gelöst. Druck und numerische Flüsse stammen aus dem vorherigen Zeitschritt. Das berechnete Geschwindigkeitsfeld erfüllt zu diesem Zeitpunkt nicht die Kontinuitätsgleichung.

3. Die Koeffizienten mit Informationen aus den Nachbarknoten und vorhandene Quellterme werden mit den eben berechneten Geschwindigkeiten aktualisiert.

4. Die Poisson-Gleichung für den Druck wird jetzt mit der Methode der konjugierten Gradienten (Jacobs, 1980) mit Präkonditionierung gelöst.

5. Dieser Zwischenschritt ist nur bei nicht orthogonalen Gittern erforderlich, da die Poisson-Gleichung die Bestimmung des Druckgradienten auf den Seitenflächen des Kontrollvolumens erforderlich macht. Die Vorgehensweise ist dabei identisch wie für den diffusiven Term (Gleichung 2.19 und 2.20). Die zusätzlichen Iterationen sind mit bis zu 10% mehr Rechenzeit pro Zeitschritt zwar vergleichsweise teuer, aber zwei sollten meistens ausreichen.

6. Jetzt folgt der Korrektorschritt. Die Geschwindigkeiten und die numerischen Flüsse werden mit dem neuen Druckfeld korrigiert und erfüllen damit die Kontinuitätsgleichung.

7. Durch das implizite Zeitschrittverfahren müssen die Schritte *zwei* bis *sechs* jetzt so lange wiederholt werden, bis ein definiertes Abbruchkriterium erreicht ist.

8. Nach erfolgreichem Abschluss kann jetzt ein neuer Zeitschritt gestartet werden.

Eine umfangreiche Erläuterung des PISO-Algorithmus und dessen Umsetzung in OpenFoam findet sich in Jasak (1996) und de Villiers (2006). Allgemeines zu Projektionsmethoden sowie andere Varianten können in Ferziger & Perić (2008) nachgelesen werden.

2.3.4 Randbedingungen

Randbedingungen sind notwendig, um das Problem mathematisch und physikalisch vollständig definieren zu können, und werden in Finite-Volumen-Methoden üblicherweise als numerische Flüsse über die an den Gebietsrändern befindlichen Seitenflächen eines Kontrollvolumens umgesetzt. Durch den elliptischen Charakter der inkompressiblen Navier-Stokes-Gleichungen im Raum beeinflussen theoretisch auch die außerhalb liegenden Bereiche die Strömung im Inneren des Lösungsgebietes. Dies bringt insbesondere bei einer Grobstruktursimulation, welche einen Teil des turbulenten Spektrums auflöst, Probleme mit sich. Das Ausnutzen von natürlichen Begrenzungen wäre die beste Variante, ist aber für Strömungen in der unteren Atmosphäre selten möglich. Man ist deshalb gezwungen, künstliche Ränder zu definieren. Diese erfordern dann bei einer Zuströmung zusätzliche Informationen über die aufgelöste Turbulenz und bei einer Abströmung müssen die Wirbel ungehindert abfließen können (Fröhlich, 2006).

Eine elegante Alternative ist die Verwendung von periodischen Randbedingungen in der horizontalen Ebene. Um die Entwicklung der Strömung durch die Zwangsbedingung nicht entscheidend zu beeinflussen, muss das Lösungsgebiet freilich groß genug sein. Su et al. (2000) und Yang et al. (2006*a*,*b*) empfehlen nach aufwändigen numerischen Versuchen die 20fache mittlere Höhe des Forstbestandes als Mindestabmessung in der horizontalen Ebene. Die Periodizität erfordert außerdem einen zusätzlichen Antrieb für die Strömung, da diese wegen der fehlenden Impulsdifferenz zwischen Ein- und Austritt, der vorhandenen Wandreibung und des aerodynamischen Widerstands in kürzester Zeit zum Erliegen kommen würde. Damit das nicht geschieht, wird eine geregelte Volumenkraft, der mesoskalige Druckgradient, zu den inkompressiblen Navier-Stokes-Gleichungen hinzugefügt und damit für einen konstanten Massestrom durch den Einströmrand gesorgt.

Am unteren Rand des Lösungsgebietes wird eine Haftbedingung für feste Wände aufgeprägt und alle drei Geschwindigkeitskomponenten werden über eine Dirichlet-Randbedingung zu Null gesetzt. Eine solche feste Wand ist in technischen Anwendungen normalerweise von sehr großer Bedeutung, da beispielsweise der Reibungswiderstand eines Tragflügelprofils maßgeblich von der kleinskaligen Turbulenz in Wandnähe bestimmt wird. Für Strömungen durch Vegetationsschichten spielt die feste Wand am Boden aber eine untergeordnete Rolle und man umgeht die erforderliche feine Auflösung des numerischen Gitters durch die Anwendung einer Wandfunktion. In der Meteorologie benutzt man typischerweise das Monin-Obukhov-Gesetz (Monin & Obukhov, 1954), welches sich aber für inkompressible, isotherme Strömungen auf das logarithmische Gesetz für raue Wände mit einer Rauigkeitshöhe z_0 vereinfacht (Gleichung 1.1, Schlichting & Gersten, 2000).

Die Behandlung des verbleibenden oberen Randes des Lösungsgebietes ist für Strömungen in der unteren Atmosphäre nicht einfach aus der Physik herzuleiten. Zunächst sollte die vertikale Abmessung so gewählt werden, dass eine annähernd ungestörte Entwicklung der Rauigkeitsschicht über der Vegetation ermöglicht wird. Dazu sind nach Su et al. (2000) und Yang et al. (2006*a*,*b*) Ausdehnungen von mindestens dem Sechsfachen der mittleren Höhe des Bestandes notwendig. Der obere Rand wird dann als eine reibungsfreie Wand angenommen, indem der Gradient der Geschwindigkeit normal zur Wand auf Null gesetzt wird. Damit handelt es sich um eine Neumann-Randbedingung, die durchaus Einfluss auf die Entwicklung der verschiedenen Schichten der Atmosphäre über der Vegetation ausübt, wie sich in Abschnitt 2.4 zeigt.

2.3.5 Fehlerquellen in einer Grobstruktursimulation

Bei der Entwicklung und der späteren Anwendung eines numerischen Verfahrens zur Strömungssimulation muss man sich der Tatsache bewusst sein, dass während des gesamten Prozesses, den man auf dem Weg zur numerischen Lösung der Erhaltungsgleichungen beschreitet, Fehler entstehen (Ferziger & Perić, 2008; Fröhlich, 2006; de Villiers, 2006). Bereits zu Beginn wird das physikalische Modell durch die Annahme einer inkompressiblen und isothermen Strömung vereinfacht. Der sich ergebende Modellfehler beschreibt den Unterschied zwischen der physikalisch exakten Lösung und derjenigen des vereinfachten mathematischen Modells.

Die anschließende Diskretisierung erzeugt ein algebraisches Gleichungssystem, welches ebenfalls eine andere Lösung als das mathematische Modell hat, und man erhält unweigerlich einen Diskretisierungsfehler. Ursache sind die finiten Approximationen und deren Genauigkeit. Zusätzlich erzeugt das numerische Gitter durch seine nicht vorhandene Orthogonalität während der linearen Interpolation ebenfalls Ungenauigkeiten und liefert einen weiteren Beitrag zum Diskretisierungsfehler (Ferziger & Perić, 2008).

Infolge der iterativen Lösung der diskreten Erhaltungsgleichungen entsteht in jedem Zeitschritt durch den Abbruch nach einer endlichen Anzahl von Durchläufen oder dem Erreichen einer erforderlichen Genauigkeit ein weiterer Fehler. Dies sind nur einige Fehlerquellen (für weitere siehe Ferziger & Perić, 2008; Fröhlich, 2006) und sie sind unvermeidlich. Sie dürfen aber nicht durch Akkumulation zum Versagen der numerischen Methode während des Lösungsprozesses führen, denn nur dann gilt das Verfahren als stabil. Der Anwender kann darüber hinaus durch Sorgfalt bei der Erstellung des Gitters einen erheblichen Einfluss ausüben.

Die Gitterqualität ist in einer Grobstruktursimulation von besonderer Bedeutung, da hier weitere Fehlerquellen lauern. So erzeugt etwa eine lokale Gitterverfeinerung einen Kommutationsfehler (Fröhlich, 2006), da Ableitung und Filteroperation normalerweise nicht vertauschbar sind

$$\overline{\partial_i \phi} \neq \partial_i \overline{\phi}.$$

Mit speziellen Filtertechniken könnte dieser Fehler vermieden werden, würde aber einen deutlich erhöhten Aufwand bei der Berechnung zur Folge haben. Einige Filteroperationen generieren zudem einen sogenannten Aliasingfehler (de Villiers, 2006). Die Ursache ist eine unsaubere Trennung der aufgelösten und nicht aufgelösten Skalen im Frequenzbereich, insbesondere bei Verwendung eines Rechteckfilters. Da der Fehler jedoch vorwiegend bei dynamischen Feinstrukturmodellen von Bedeutung ist (Fröhlich, 2006), soll er hier nur erwähnt werden und keine größere Rolle spielen. Detaillierte Studien zur Fehlerabschätzung der numerischen Methode in OpenFoam zeigt Jasak (1996) in seiner Arbeit. Mit Fokus auf Grobstruktursimulationen empfiehlt sich die Arbeit von de Villiers (2006).

2.3.6 Die Parallelisierung von OpenFoam

Auch wenn die Grobstruktursimulation den Aufwand zur Berechnung turbulenter Strömungen im Vergleich zu einer direkten numerischen Simulation reduziert, ist die Verwendung von Hochleistungsrechnern unumgänglich. Moderne Systeme bestehen häufig aus einer größeren Anzahl von Knoten, die mit Mehrkernprozessoren und einem gemeinsamen Arbeitsspeicher bestückt und durch ein schnelles Netzwerk miteinander verbunden sind. Der eingesetzte Hochleistungsrechner der Technischen Universität Dresden verfügt über 92 Knoten mit AMD-Opteron-Prozessoren und je maximal 512 GB Arbeitsspeicher. Die insgesamt 5 888 Prozessorkerne (je 16 pro Prozessor) summieren sich zu einer theoretischen Maximalleistung von 51,8 TFlop/s.

Prozessorkerne	10	50	150	250	350
Effizienz	1,00	1,16	1,00	0,94	0,85

Tabelle 2.1: Effizienz der Bibliothek OpenFoam für die Berechnung einer Couette-Poiseuille-Strömung mit einer unterschiedlichen Anzahl von Prozessorkernen. Für die Berechnung der Effizienz wird statt der üblichen seriellen die Rechenzeit mit zehn Prozessorkernen verwendet.

Es ist offensichtlich, dass dafür eine parallelisierte Version von OpenFoam erforderlich ist, um die Arbeit auf mehrere Prozesse zu verteilen. Jeder Prozess läuft auf einem eigenen Prozessorkern und führt das gleiche Programm aus, ihm wird aber ein jeweils anderer Teil des Lösungsgebietes zugewiesen. Sollte er zur Berechnung Informationen aus den angrenzenden Bereichen benötigen, so werden diese über das Netzwerk an den Prozess kommuniziert.

Für eine effiziente Parallelisierung gilt es eine möglichst gleichmäßige Belastung der einzelnen Prozessorkerne zu erreichen und die Kommunikation auf ein Mindestmaß zu begrenzen. Die Bibliothek „PT-Scotch“ (Chevalier & Pellegrini, 2008) übernimmt in OpenFoam die Zerlegung des Lösungsgebietes; die Kommunikation erfolgt über ein „Message Passing Interface“ (MPI, Gropp et al., 1999).

Tabelle 2.1 zeigt die Ergebnisse eines eigenen Tests zur Bestimmung der parallelen Effizienz (Ferziger & Perić, 2008). Leider war die Bestimmung der seriellen Rechenzeit für den verwendeten Testfall einer Couette-Poiseuille-Strömung (Schlichting & Gersten, 2000) mit zwei Millionen Gitterzellen nicht möglich, sodass als Referenz die Rechenzeit auf zehn Prozessorkernen dient. Die Resultate von OpenFoam sind mit einer Effizienz von über 90% auf 250 Prozessorkernen für eine Finite-Volumen-Methode auf unstrukturierten, nicht orthogonalen Gittern gut. Der zwischenzeitliche Anstieg auf über 100% lässt sich darauf zurückführen, dass größere Datenmengen in den schnelleren Zwischenspeicher (Cache) des Prozessors passen und deren Transfer aus dem langsameren Arbeitsspeicher entfällt. Reduziert man die Größe der Teilgebiete immer weiter – die theoretische Grenze wäre eine Gitterzelle pro Prozessorkern – sinkt zwar die Zeit für die eigentliche Berechnung, aber die Kommunikation gewinnt an Einfluss und kompensiert den Gewinn. Dadurch sinkt die parallele Effizienz und man erzielt keinen weiteren Vorteil.

2.4 Evaluierung am homogenen Wald von Shaw & Schumann

Die im vorherigen Abschnitt vorgestellten Einstellungen der Bibliothek OpenFoam müssen für die geplante Anwendung natürlich verifiziert werden. Außerdem ist das in Abschnitt 2.2.2 aufgeführte Feinstrukturmodell in OpenFoam nicht enthalten und wurde eigenhändig implementiert. Um Programmierfehler und andere Probleme frühzeitig zu erkennen, erfolgt eine Evaluierung anhand der Studie von Shaw & Schumann (1992), welche bereits von Patton (1997) zum gleichen Zweck verwendet wurde. Der Testfall besteht aus einem 20 m hohen Laubwald, charakterisiert durch einen offenen Stammraum, einen Widerstandskoeffizienten von $C_W = 0{,}15$ (Shaw et al., 1988) und einen Blattflächenindex von LAI $= 2$. Die vertikale Verteilung der Vegetationselemente beschreibt ein generisches Profil für die Blattflächendichte (ohne Abbildung, siehe Shaw & Schumann, 1992), und da sie horizontal nicht variiert, spricht man von einem homogenen Wald.

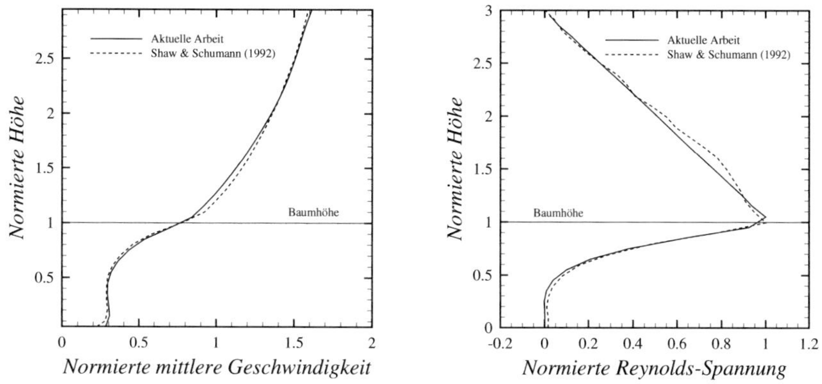

Abbildung 2.5: Vergleich der normierten mittleren Geschwindigkeit in Strömungsrichtung[3] und der normierten Reynolds-Spannung mit den Ergebnissen für labile Schichtung von Shaw & Schumann (1992) für einen Blattflächenindex von LAI $= 2$. Die Normierung erfolgt für die Höhe mit der Baumhöhe $h_B = 20\,\mathrm{m}$, für die Geschwindigkeit mit deren vertikalem Mittelwert und für die Reynolds-Spannung mit deren Wert auf Baumhöhe.

Die Abmessungen des Lösungsgebietes betragen $192\,\mathrm{m} \times 96\,\mathrm{m} \times 60\,\mathrm{m}$, das äquidistante Gitter hat eine Gitterschrittweite von $\Delta_x = \Delta_y = \Delta_z = 2\,\mathrm{m}$. Die Randbedingungen wurden bereits in Abschnitt 2.3.4 detailliert erläutert: periodische horizontale Ränder, Haftbedingung und logarithmisches Wandgesetz mit $z_0 = 0{,}02\,\mathrm{m}$ am Boden und eine reibungsfreie Wand am oberen Rand. Der mesoskalige Druckgradient wird in jedem Zeitschritt angepasst, um eine Strömung mit einer mittleren Geschwindigkeit von $2\,\mathrm{ms}^{-1}$ aufrechtzuerhalten. Zusammen mit der von Shaw & Schumann (1992) verwendeten Zeitschrittweite von $\Delta_t = 0{,}125\,\mathrm{s}$ ergibt sich eine Courant-Zahl von Co $= 0{,}125$, was innerhalb der durch den Begrenzer und das Zeitschrittverfahren vorgegebenen Rahmenbedingungen liegt. Statistische Werte werden nach dem Erreichen eines quasi-stationären Zustandes über einen Zeitraum von 80 000 Zeitschritten berechnet und anschließend die Ergebnisse horizontal gemittelt. Shaw & Schumann (1992) verwenden nur 4 800 Zeitschritte für ihre Simulation, wobei bereits 1 500 Zeitschritte bis zum Erreichen des quasi-stationären Zustandes benötigt werden. Die horizontale Mittelung der Ergebnisse führen sie allerdings ebenfalls durch.

Abbildung 2.5 vergleicht die aktuellen Ergebnisse mit denen von Shaw & Schumann (1992), wobei Letztere nur für eine labile Schichtung verfügbar sind. Die normierte mittlere Geschwindigkeit in Abbildung 2.5 zeigt qualitativ und quantitativ eine sehr gute Übereinstimmung. Man erkennt den typischen exponentiellen Verlauf innerhalb der Baumkrone und den näherungsweise logarithmischen Bereich oberhalb des Bestandes. Das Profil zeigt außerdem, dass die Strömung auf den relativ offenen Stammraum mit der Ausprägung eines sekundären Windmaximums unterhalb der Baumkrone reagiert. Dass die numerischen Ergebnisse in Einklang mit den Verhältnissen in einer realen Strömung stehen, wurde bereits

[3]Für die Visualisierung der Ergebnisse der numerischen Simulationen kommt das Programm Tecplot 360 (`www.tecplot.com`) zum Einsatz, welches einen Punkt als Dezimaltrennzeichen verwendet. Im Fließtext und in Tabellen wird hingegen das im deutschen Sprachraum übliche Komma benutzt.

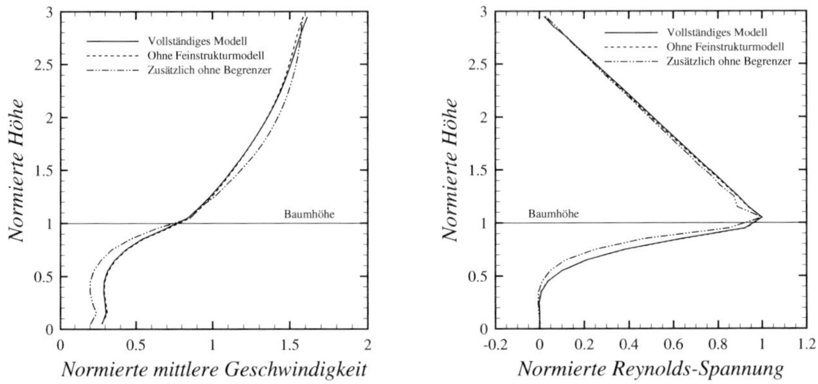

Abbildung 2.6: Vergleich der normierten mittleren Geschwindigkeit in Strömungsrichtung und der normierten Reynolds-Spannung für eine Simulation mit vollständigem Modell, ohne Feinstrukturmodell und ohne Feinstrukturmodell mit zusätzlich deaktiviertem TVD-Begrenzer. Die Normierung erfolgt für die Höhe mit der Baumhöhe $h_B = 20\,\mathrm{m}$, für die Geschwindigkeit mit deren vertikalem Mittelwert und für die Reynolds-Spannung mit deren Wert auf Baumhöhe.

von Shaw & Schumann (1992) anhand der Freilandmessungen von Raupach et al. (1991) erfolgreich demonstriert. Patton (1997) untermauert diese Aussage durch einen weiteren Vergleich während seiner Evaluierung mit den Freilandmessungen von Gao et al. (1989).

Der Verlauf der Reynolds-Spannung stimmt ebenfalls gut überein. Innerhalb des Bestandes nimmt sie aufgrund des aerodynamischen Widerstandes zum Boden hin schnell ab und wird letztendlich an der Wand Null. Der geringere turbulente Impulstransport innerhalb des Bestandes erklärt sich mit der Annahme einer neutralen Schichtung in der vorliegenden Arbeit, was bereits von Shaw & Schumann (1992) in dieser Form erwartet wurde. Deren kürzere Mittelungszeit erklärt zwar die oberhalb der Baumkrone auftretenden Unterschiede, allerdings nicht, warum das Maximum der Reynolds-Spannung um eine halbe Gitterschrittweite verschoben ist. Dafür ist die nicht versetzte Variablenanordnung der verwendeten Finite-Volumen-Methode verantwortlich, was zusätzliche Testsimulationen mit einer Verfeinerung im Bereich des Maximums bestätigen.

Im Widerspruch zu den Beobachtungen aus Freilandmessungen von Brunet et al. (1994), Finnigan (1979*b*) und Kaimal & Finnigan (1994) steht die lineare Abnahme der Reynolds-Spannung oberhalb der Vegetation. Dort beginnt normalerweise die Prandtl-Schicht, für die eine konstante Reynolds-Spannung und ein logarithmisches Geschwindigkeitsprofil charakteristisch sind. Den Grund für dieses Verhalten vermuten Shaw & Schumann (1992) in der aufgeprägten reibungsfreien Wand. Im Moment gibt es aber keine vernünftige Alternative, da die heutige Rechentechnik eine Ausdehnung des Lösungsgebietes bis in die freie Atmosphäre mit einem vertretbaren Aufwand nicht erlaubt.

Abbildung 2.6 zeigt zum Abschluss den Einfluss des Feinstrukturmodells und des TVD-Begrenzers auf die Ergebnisse. Man erkennt, dass bei einer Deaktivierung des Feinstrukturmodells der Begrenzer offenbar dessen Aufgabe übernimmt. Es ist allerdings ungewiss, ob er diese Aufgabe bei einer dreidimensional variierenden Blattflächendichte ebenso zuverlässig erfüllen kann und immer das richtige Maß an numerischer Diffusion bereitstellt. Der Begrenzer ist aber zwingend erforderlich, da ansonsten unphysikalische Oszillationen im Bereich starker Gradienten, wie beispielsweise in der Scherschicht oberhalb der Baumkrone, auftreten und im ungünstigsten Fall die Stabilität der Simulation negativ beeinflussen.

3 Das virtuelle Abbild eines Waldes

Deutschland besitzt mit seinen 11,1 Millionen Hektar Wald (Bundesministerium für Ernährung, Landwirtschaft und Verbraucherschutz, 2009) ein enormes Potential für die Waldforschung. Ein gut dokumentierter Standort mit langer Tradition befindet sich im Landschaftsschutzgebiet Tharandter Wald in der Nähe der sächsischen Landeshauptstadt Dresden in Deutschland. Die Beschreibung seiner Topologie und des vorhandenen Bestandes erfolgt in Abschnitt 3.1.

Die numerischen Simulationen benötigen hochaufgelöste Informationen über die exakte räumliche Verteilung der Vegetation, was heutzutage immer noch eine große Herausforderung darstellt. Denn bereits im 18. Jahrhundert schrieb der sächsische Adlige und Oberberghauptmann Hans Carl von Carlowitz (1645 – 1714) in seiner Sylvicultura Oeconomica: „Es hat die Natur ..., die Bäume auf vielerlen Art und Weise unterschieden, also, daß eine jede Gattung derselben ihre besondere Art, Farben, Wachstum, Saamen und Gestalt hat, ...“ (von Carlowitz, 1732, Seite 18). Interessiert man sich folglich für ein möglichst genaues virtuelles Abbild des Bestandes im Untersuchungsgebiet, so muss jeder einzelne Baum digital erfasst werden.

Die Technologie entwickelt sich andererseits stetig weiter, und so haben in den letzten Jahren in der Forstwirtschaft und -wissenschaft moderne optische Messverfahren Einzug gehalten. Eines davon ist das in Abschnitt 3.2 beschriebene terrestrische Laserscanning. Es eignet sich sehr gut, um Objekte, wie beispielsweise Bäume und Sträucher, in einem größeren Gebiet mit großer Genauigkeit zu digitalisieren. Demgegenüber steht der relativ hohe Aufwand für die Aufnahme des gesamten Untersuchungsgebietes und es entsteht eine Datenlücke, die es zu schließen gilt. Hierfür bietet sich die Verwendung statistischer Daten an, die aufgrund der Bewirtschaftung und der intensiven Erforschung des Waldgebietes ohnehin vorliegen. Abschnitt 3.3 beschreibt eine Möglichkeit, auf dieser Grundlage eine Vegetationsverteilung mit den gewünschten Eigenschaften zu erzeugen. Das Ergebnis sind verschiedene Abstraktionsstufen der Vegetation, genauer der Blattflächendichte, im Untersuchungsgebiet (Abschnitt 3.4), um die Daten in einer numerischen Simulation anwenden zu können.

3.1 Die Realität im Tharandter Wald

Das Landschaftsschutzgebiet Tharandter Wald erstreckt sich entlang der nördlichen Ausläufer des Erzgebirges in Sachsen auf einer Fläche von ungefähr 60 km^2. In seinem östlichen Teil befindet sich die seit 1958 vom Institut für Hydrologie und Meteorologie der Technischen Universität Dresden betriebene Anker-Station (50° 57′ 49″ Nord, 13° 34′ 1″ Ost, 380 m über Meereshöhe). Ihre Hauptaufgabe besteht in der Erfassung meteorologischer, hydrologischer und ökologischer Daten. Darüber hinaus spielt sie bei der Fernerkundung eine wichtige Rolle.

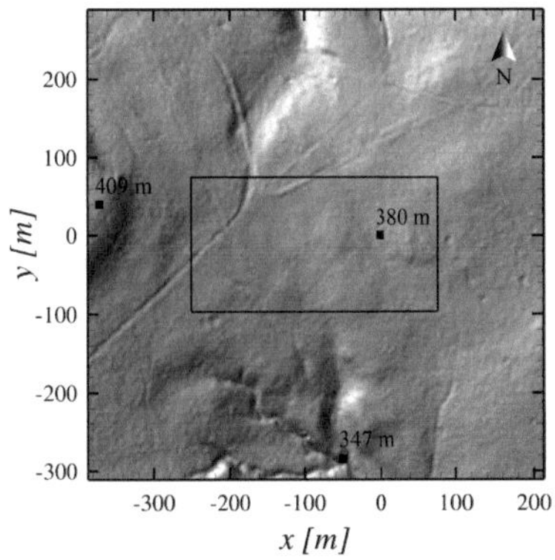

(a) Geländemodell ATKIS®-DGM2

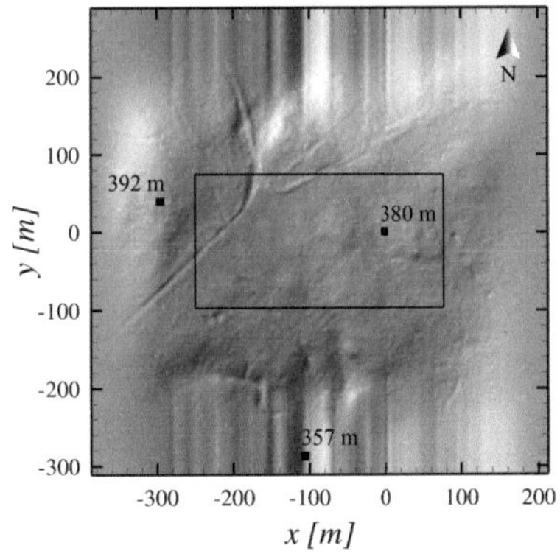

(b) Modifiziertes Geländemodell

Abbildung 3.1: Schummerungsdarstellung des originalen Geländes im Untersuchungsgebiet und der für die numerische Simulation modifizierten Variante. Der Ursprung des Koordinatensystems befindet sich im Fuß des 42 m hohen Hauptmasts der Anker-Station und alle Höhenangaben sind auf auf Meereshöhe bezogen. Der schwarze Rahmen kennzeichnet ein 328 m × 172 m großes Kerngebiet, dessen Topografie beibehalten wurde. ATKIS®-DGM2 © Staatsbetrieb Geobasisinformation und Vermessung Sachsen 2013.

Die gewonnenen Messdaten dienen hauptsächlich der Erforschung des Energie- und Stoffaustausches eines typischen Nadelwaldes in Zentral- und Westeuropa (van Gorsel et al., 2005; Moderow et al., 2009; Panin & Bernhofer, 2008; Prescher et al., 2010). Mit dem 1990 errichteten und seit 1996 kontinuierlich betriebenen, 42 m hohen Hauptmast verfügt die Anker-Station über ein besonderes Messinstrument, das ihr die Teilnahme an einer Vielzahl nationaler und internationaler Messkampagnen, beispielsweise EuroFlux (Bernhofer et al., 2003; Feigenwinter et al., 2004), CarboEuropeIP (Grünwald & Bernhofer, 2007) und Fluxnet (Jung et al., 2011; Stoy et al., 2013) ermöglicht. Das gewählte Untersuchungsgebiet befindet sich in der unmittelbaren Umgebung der Anker-Station und erstreckt sich entlang der Hauptwindrichtung von West nach Ost (Queck et al., 2012).

3.1.1 Topografie in der Realität und in der Numerik

Das sanft wellige Gelände mit seinen bis zu 30 m tiefen Gräben im Süden und Norden ist typisch für einen Hochflächenstandort in einem deutschen Mittelgebirge (Abbildung 3.1a). Dem Untersuchungsgebiet vorgelagert ist ein ungefähr 30 m hoher Hügel im Westen, von welchem aus das Gelände nach Osten hin stetig abfällt. Die hochauflösende Topografie für die numerische Simulation stammt aus dem digitalen Geländemodell ATKIS®-DGM2 des Staatsbetriebs Geobasisinformation und Vermessung Sachsen[1]. Die Datenaufnahme erfolgte mit einem Flugzeuglaserscanner des Typs LMS-Q560 der Firma Riegl[2]. Die Höheninformationen liegen auf einem Raster von 2 m mit einer Genauigkeit von ±0,2 m vor.

[1] www.landesvermessung.sachsen.de

[2] www.riegl.com

Die reale Topografie bedarf allerdings noch einer Bearbeitung, um sie für die numerische Simulation tauglich zu machen. Die Verwendung periodischer Randbedingungen erfordert ein identisches Geländeniveau an den gegenüberliegenden Gitterpunkten. Dazu wird ein gewichtetes Mittel zwischen der realen Bodenhöhe h_1 und einer definierten Zielhöhe h_0 eingeführt

$$h(\xi) = [1 - w(\xi)]\ h_1(\xi) + w(\xi)\, h_0 \quad \forall \quad 0 \leq \xi \leq 1, \tag{3.1}$$

wobei ξ eine normierte Koordinate darstellt, für die gilt: $\xi = 0$ entspricht dem periodischer Rand des Lösungsgebietes und $\xi = 1$ der Grenze zu einer unberührten Kernzone von 328 m × 172 m mit der unangetasteten realen Topografie (schwarzer Rahmen in Abbildung 3.1). Die Abmessungen der Kernzone sind identisch mit dem Bereich, in welchem die Vegetation später aus den Daten eines terrestrischen Laserscanners erzeugt wird (Abschnitt 3.4). Die Wahl der Gewichtsfunktion $w(\xi)$ erfolgte unter der Maßgabe, einen sanften Übergang (Gradient gleich Null) über den periodischen Rand und zur unberührten Kernzone zu gewährleisten:

$$w(\xi) = \frac{(1-\xi)^2}{(1-\xi)^2 + \xi^2} \quad \forall \quad 0 \leq \xi \leq 1. \tag{3.2}$$

Die Überblendung wird zunächst in Nord-Süd-Richtung ausgeführt, wobei sich die Zielhöhe h_0 aus dem lokalen Mittelwert der Höheninformation des ATKIS®-DGM2 an den zwei benachbarten Gitterpunkten des periodischen Randes berechnet. Anschließend erfolgt die Überblendung in West-Ost-Richtung mit dem mittleren Geländeniveau der unberührten Kernzone von 0,7 m als Zielhöhe (relativ zum Fußpunkt des Hauptmasts der Anker-Station). Das Ergebnis der Überblendung mit nunmehr periodischer Topografie ist in Abbildung 3.1b zu sehen.

3.1.2 Charakterisierung des realen Bestandes

Der Tharandter Wald ist ein klassisches Beispiel für einen bewirtschafteten Forstbestand in Zentral- und Westeuropa. Er wird dominiert durch die ertragreiche und schnell wachsende Gewöhnliche Fichte (*Picea abies*), welche im Umkreis der Anker-Station im Jahr 1887 gepflanzt wurde und damit über 120 Jahre alt ist. Forstinventuren in den Jahren 1999 und 2004 in einem Bereich von 500 m um den Hauptmast der Anker-Station (Feigenwinter et al., 2004; Grünwald & Bernhofer, 2007) ergaben, dass die Vegetation zu 87% aus immergrünen Nadelbäumen besteht, darunter 72% Gewöhnliche Fichte und 15% Wald-Kiefer (*Pinus sylvestris*). Die verbleibenden 13% setzen sich aus anderen Baumarten, wie der Europäischen Lärche (*Latrix decidua*), der Gewöhnlichen Birke (*Betula* species) und der Gewöhnlichen Buche (*Fagus sylvatica*) zusammen. Neu gepflanzte Buchen, Holunder (*Sambucus* species) und Ebereschen (*Sorbus aucuparia*) stellen den eher spärlich vorhandenen Unterwuchs. Weiterhin sind circa 50% des Bodens im Bestand mit der für nährstoffarme Böden typischen und weit verbreiteten Drahtschmiele (*Deschampsia flexuosa*) bedeckt.

Nach einer Auslichtung im Jahr 2002 wurde eine Baumdichte von 335 Bäumen pro Hektar festgestellt. Die mittlere Baumhöhe beträgt ungefähr 30 m und der mittlere Brusthöhendurchmesser 0,36 m (Bienert, 2013). Üblicherweise wird dazu nicht der gesamte Bestand vermessen, sondern nur einige ausgewählte Exemplare. Der Brusthöhendurchmesser kennzeichnet den Stammdurchmesser in einer bestimmten Höhe, die nicht exakt festgelegt ist. Ein guter Richtwert sind 1,3 m (Pretzsch, 2010). Der Bestand in der unmittelbaren

Umgebung der Anker-Station wird für die Auswertung der dortigen Messungen (Kohlendioxid, Temperatur, Strahlung, Niederschlag und Bodenfeuchte) als homogen angenommen (Grünwald & Bernhofer, 2007). Aus diesem Grund erfolgte im Jahr 2008 in einem Areal von 30 m × 30 m unmittelbar westlich des Hauptmasts (Abbildung 3.2a) die Bestimmung des Blattflächenindex und der Blattflächendichte mit einem LAI 2000 Plant Canopy Analyser der Firma Li-Cor[3] (Queck & Bernhofer, 2010). Dabei ergab sich ein Blattflächenindex von $\mathrm{LAI} = 7{,}1\,\mathrm{m^2 m^{-2}}$ und die in Abbildung 3.2b gezeigte Blattflächendichte. Das ermittelte vertikale Profil der Blattflächendichte wird als repräsentativ für den gesamten Bestand betrachtet. Es zeigt den typischen offenen Stammraum und die relativ weit oben angesetzte, dichte Krone des Fichtenbestandes.

Dass die Homogenität der Vegetation allenfalls für kleine Bereiche gilt und eher eine Idealvorstellung ist, zeigt die Darstellung der lokalen Höhe der Baumkronen in Abbildung 3.2d. Die Kronenhöhe lasst sich flächendeckend aus den Rohdaten (erstes und letztes Echo) der luftgestützten Laserscans des Staatsbetriebs Geobasisinformation und Vermessung Sachsen ableiten, indem man zusätzlich ein digitales Oberflächenmodell erzeugt und anschließend das Geländemodell ATKIS®-DGM2 subtrahiert (Details zum Verfahren in Bienert et al., 2011). Auffällig und von besonderem Interesse ist die ungefähr 100 m westlich der Anker-Station gelegene 50 m × 90 m große Lichtung namens Wildacker. Sie übt einen großen Einfluss auf die Messungen am Hauptmast aus und wird in dem im nächsten Abschnitt vorgestellten Freilandexperiment mit zwei zusätzlichen Messtürmen bestückt. Den Wildacker umrandet ein Gürtel aus Kastanien (*Castanea sativa*), welche den offenen Stammraum abschließen und somit die Waldkante glätten. Mit einem Ökomessfeld nördlich der Anker-Station und einer Fichtenschonung im Osten befinden sich zwei weitere große Inhomogenitäten im Untersuchungsgebiet. Das ist typisch für einen Wald in Zentral- und Westeuropa, der sich weder durch großflächige Homogenität (im Gegensatz zu amerikanischen Wäldern) noch durch ein überwiegend ebenes Terrain auszeichnet (Bernhofer et al., 2003).

Zur besseren Charakterisierung der Vegetation und unter Berücksichtigung der örtlichen Gegebenheiten wird das Untersuchungsgebiet in Parzellen unterteilt (Abbildung 3.2c). Mit studentischer Unterstützung wurde am Institut für Hydrologie und Meteorologie der Technischen Universität Dresden zunächst im Jahr 2004 stichprobenartig die mittlere Baumhöhe in den einzelnen Parzellen bestimmt und im Jahr 2008 zusätzlich der mittlere Blattflächenindex mit dem LAI 2000 Plant Canopy Analyser. Da das Messgerät den realen Blattflächenindex typischerweise unterschätzt, erfolgte eine Korrektur nach Chen & Black (1991). Die ermittelten Werte sind in Tabelle 3.1 für die einzelnen Parzellen zusammengefasst.

3.1.3 Das Referenzexperiment im Freiland

Für das Verständnis des Energie- und Stoffaustausches ist es einerseits wichtig, die Vegetation und ihre lokalen Eigenschaften genau zu kennen, andererseits spielt auch das turbulente Windfeld eine große Rolle. Die numerische Simulation benötigt außerdem eine Vergleichsmöglichkeit, um die Aussagekraft der Ergebnisse quantifizieren zu können. Daher wurde im Jahr 2007 in den Monaten Juni bis November zunächst ein Vorbereitungsexperiment namens WinCanop durchgeführt (Queck & Bernhofer, 2010). Ziel war der Vergleich verschiedener Ultraschallanemometer zur Geschwindigkeits- und Temperaturmessung und die Optimierung des experimentellen Aufbaus für das folgende Hauptexperiment.

[3] `www.licor.com`

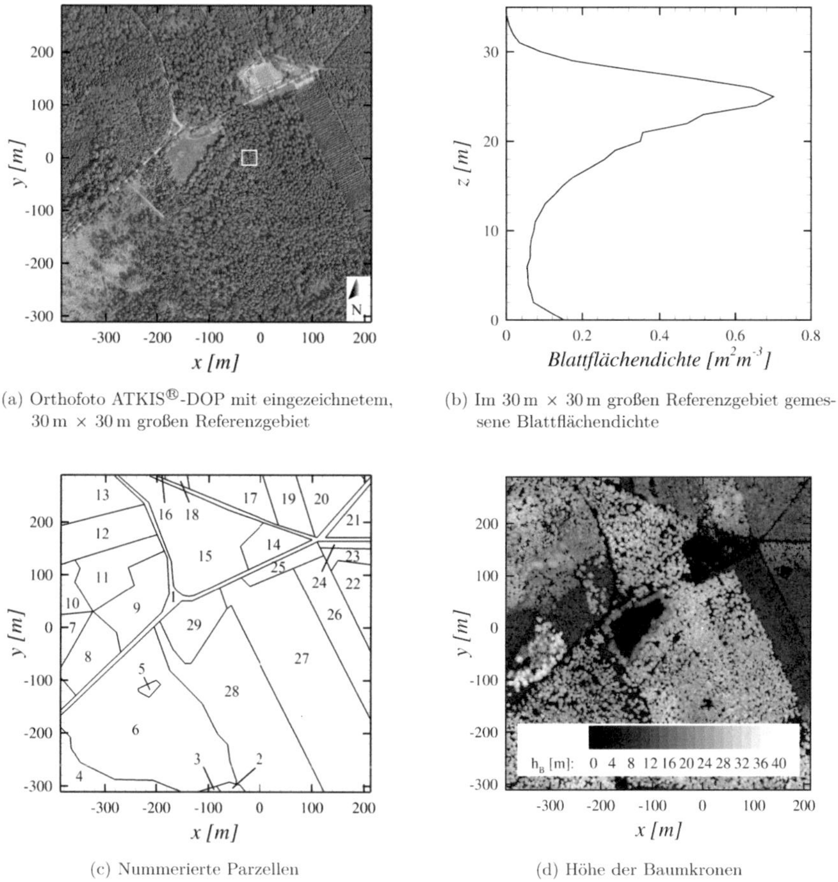

(a) Orthofoto ATKIS®-DOP mit eingezeichnetem, 30 m × 30 m großen Referenzgebiet

(b) Im 30 m × 30 m großen Referenzgebiet gemessene Blattflächendichte

(c) Nummerierte Parzellen

(d) Höhe der Baumkronen

Abbildung 3.2: (a) Orthofoto des Untersuchungsgebietes, aufgenommen im Jahr 2010; (b) Blattflächendichte, gemessen mit einem LAI 2000 Plant Canopy Analyser im Jahr 2008 in einem Referenzgebiet von 30 m × 30 m westlich des Hauptturms der Anker-Station; (c) im Untersuchungsgebiet vorhandene Parzellen; (d) Darstellung der Kronenhöhe, basierend auf Daten von luftgestützten Laserscans im Jahr 2009. ATKIS®-DOP © Staatsbetrieb Geobasisinformation und Vermessung Sachsen 2013.

Parzelle	$\langle \mathrm{LAI} \rangle_\Omega$ [$\mathrm{m^2 m^{-2}}$]	$\langle h_B \rangle_\Omega$ [m]	Profil für a
1; 14; 29	$0{,}5 \pm 0{,}01$	$0{,}3 \pm 0{,}05$	n.v.
2	$6{,}7 \pm 0{,}8$	$33{,}0 \pm 2$	Peters
3	$13{,}9 \pm 0{,}8$	$18{,}0 \pm 2$	Kraus
4	$8{,}0 \pm 0{,}8$	$33{,}0 \pm 2$	Peters
5; 6	$3{,}8 \pm 0{,}8$	$13{,}0 \pm 2$	Kraus
7; 8	$11{,}6 \pm 0{,}8$	$13{,}0 \pm 2$	Kraus
9	$11{,}0 \pm 0{,}8$	$13{,}0 \pm 2$	Kraus
10; 11	$4{,}7 \pm 0{,}8$	$18{,}0 \pm 2$	Kraus
12; 13	$7{,}1 \pm 0{,}8$	$28{,}0 \pm 2$	Peters
15	$5{,}9 \pm 0{,}8$	$28{,}0 \pm 2$	Peters
16; 18	$10{,}8 \pm 0{,}8$	$7{,}5 \pm 2$	Kraus
17	$10{,}8 \pm 0{,}8$	$13{,}0 \pm 2$	Kraus
19	$6{,}9 \pm 0{,}8$	$13{,}0 \pm 2$	Kraus
20	$13{,}1 \pm 0{,}8$	$13{,}0 \pm 2$	Kraus
21	$14{,}1 \pm 0{,}8$	$28{,}0 \pm 2$	Peters
22	$10{,}6 \pm 0{,}8$	$13{,}0 \pm 2$	Kraus
23; 24; 25	$7{,}8 \pm 0{,}8$	$23{,}0 \pm 2$	Kraus
26	$10{,}6 \pm 0{,}8$	$7{,}5 \pm 2$	Kraus
27	$6{,}4 \pm 0{,}8$	$33{,}0 \pm 2$	Peters
28	$6{,}0 \pm 0{,}8$	$33{,}0 \pm 2$	Peters

Tabelle 3.1: Tabellarische Auflistung der verwendeten statistischen Bestandsparameter in den einzelnen Waldparzellen (siehe Abbildung 3.2c). Aufgelistet sind der Mittelwert des Blattflächenindex $\langle \mathrm{LAI} \rangle_\Omega$ und der Baumhöhe $\langle h_B \rangle_\Omega$ in der jeweiligen Parzelle, zusammen mit der angenommenen Standardabweichung. Die letzte Spalte beinhaltet das generische vertikale Profil der Blattflächendichte $a = f(z)$, wobei Kraus für ein generisches Profil nach Kraus (2008) und Peters für ein solches nach Peters & Eiden (1992) steht.

TurbEFA, so die offizielle Bezeichnung des Hauptexperiments, wurde zwischen Mai 2008 und Mai 2009 von R. Queck am Institut für Hydrologie und Meteorologie der Technischen Universität Dresden realisiert (Queck, 2010). Die kontinuierliche Datenaufnahme des turbulenten Windfeldes erfolgte entlang eines westlichen Transekts, ausgehend vom Hauptmast der Anker-Station, und beinhaltete den Wildacker. Für das Experiment wurden zusätzlich zum bereits vorhandenen Hauptmast (T4) drei weitere Messtürme entlang des Transekts errichtet: ein 40 m hoher Gittermast innerhalb des Bestandes (T3), ein weiterer unmittelbar vor der Waldkante auf dem Wildacker (T2) sowie ein 30 m hoher Teleskopmast (T1) am westlichen, stromauf gelegenen Ende der Lichtung (Abbildung 3.3). Im Einsatz waren Ultraschallanemometer vom Typ 81000V der Firma R.M. Young[4] und vom Typ USA-1 der Firma Metek[5] GmbH, um die Windgeschwindigkeiten synchron mit einer Frequenz von 20 Hz aufzuzeichnen. Die Montage der insgesamt 19 Geräte erfolgte an zwei bis drei Meter langen Haltearmen jeweils in 2 m, 10 m, 20 m, 30 m und 40 m Höhe (letztere Höhe nicht am Teleskopmast T1). Die Orientierung nach Westen zur Minimierung von Einflüssen der Messtürme und eine regelmäßige Inspektion der vertikalen und horizontalen Ausrichtung

[4] www.youngusa.com
[5] www.metek.de

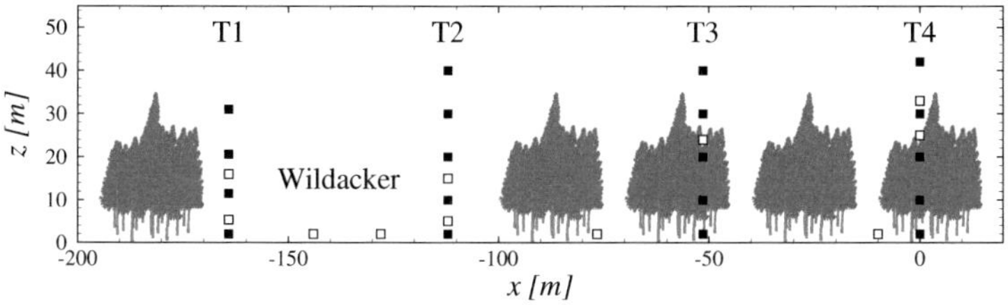

Abbildung 3.3: Positionen der Ultraschallanemometer entlang des Transekts westlich des Hauptmasts T4 der Anker-Station bei $x = 0$ m. Der Gittermast T3 befindet sich bei $x = -51$ m im Bestand. Zwei weitere Messtürme, der Gittermast T2 bei $x = -112$ m und der Teleskopmast T1 bei $x = -164$ m, stehen auf der Lichtung. Permanente Messstationen sind mit einem schwarz und temporäre mit einem weiß gefüllten Viereck gekennzeichnet. Das Viereck bei $x = 0$ m und $z = 42$ m markiert zwei Ultraschallanemometer, eins davon dient als Referenzmessgerät. Das Viereck bei $x = -10$ m und $z = 2$ m steht für zwei Messstationen mit einem Versatz von 30 m in y-Richtung.

sorgten für bestmögliche Bedingungen bei der Datenaufnahme. Sechs zusätzliche Ultraschallanemometer zeichneten an dreizehn weiteren Messpositionen temporär auf, darunter fünf in Bodennähe zwischen den Türmen. Eine Übersicht findet sich in Abbildung 3.3.

Die Analyse und Aufbereitung der gewonnenen Rohdaten erfolgte im Anschluss mit Hilfe des Programms EdiRe[6] der University of Edinburgh. Die Software eliminiert sogenannte Spikes, also anormale Spitzen bei der Datenerfassung, ebenso wie Windgeschwindigkeiten und Temperaturen außerhalb von $\pm 30\,\mathrm{ms}^{-1}$ beziehungsweise $-25\,°\mathrm{C}$ und $40\,°\mathrm{C}$ sowie Zeiten mit Niederschlag. Im Anschluss werden die gemessenen Zeitreihen zu Mittelwerten über halbstündige Intervalle zusammengefasst und in ein gemeinsames Koordinatensystem rotiert. Da die numerische Simulation eine definierte Windrichtung und eine neutrale Schichtung voraussetzt, reduzierte eine Filterung die 63,1 Billionen Werte (Windsektor 255° bis 285° und Stabilitätsindex $-0{,}1 \leq \zeta \leq 0{,}1$ nach Foken, 2006*b*, gemessen am Hauptmast in 42 m Höhe) auf ungefähr 8000 h verfügbare Winddaten, was allerdings eine ausreichende Grundlage für den Vergleich darstellt.

3.2 Die Digitalisierung der Vegetation

Die Vegetation wird in der numerischen Simulation als aerodynamischer Widerstand behandelt, welcher sich aus der Windgeschwindigkeit, einem isotropen Widerstandskoeffizienten und der Blattflächendichte zusammensetzt. Will man also die räumliche Verteilung der Vegetation im Untersuchungsgebiet berücksichtigen, so muss ein Weg gefunden werden, die lokale Blattflächendichte hinreichend genau zu bestimmen. Interessanterweise gibt es eine Vielzahl von Methoden zur Bestimmung des Blattflächenindex (Gleichung 2.13), aber nur wenige liefern auch eine Aussage über die Blattflächendichte.

Man unterscheidet in zerstörende und zerstörungsfreie Messverfahren (Chason et al., 1991; Jonckheere et al., 2004; Weiss et al., 2004). Die traditionelle Baumernte beispielsweise ist ein aufwändiges, aber sehr genaues Messverfahren, welches zudem die Bestimmung

[6] `www.geos.ed.ac.uk/abs/research/micromet/EdiRe`

der Blattflächendichte erlaubt. Nachteilig ist, dass man dabei die Vegetation nachhaltig beschädigt und zudem eine hohe Anzahl von Stichproben benötigt (Chason et al., 1991). Als weniger destruktive Alternative bietet sich der Einsatz sogenannter Streufallen am Boden an, in denen das Laub, welches die Bäume verlieren, gesammelt wird. Sie sind allerdings vorwiegend für Laubbäume geeignet, da diese ihre Blätter zu definierten Zeitpunkten verlieren (Chason et al., 1991). Letztendlich ermöglichen Streufallen, aber auch Methoden der Fernerkundung (Spanner et al., 1990) und der hemisphärischen Fotografie (Chianucci & Cutini, 2013) eine zuverlässige Bestimmung des Blattflächenindex, jedoch nicht der Blattflächendichte.

Erfolgversprechender sind optische Messgeräte auf der Basis des Lambert-Beer'schen Gesetzes (Foken, 2006*b*), wie etwa der bereits erwähnte LAI 2000 Plant Canopy Analyser. Dabei wird der Lichteinfall oberhalb der Vegetation und am Boden gemessen und miteinander verglichen (Cutini et al., 1998). Man erhält dann eine Aussage über den Blattflächenindex und mit etwas Geschick auch über die Blattflächendichte (Queck & Bernhofer, 2010). Allerdings ist die Methode mit einem hohen Aufwand verbunden, sodass sie nicht großräumig eingesetzt werden kann.

In den letzten Jahren etabliert sich mit dem terrestrischen Laserscanning in der Forstwirtschaft und -wissenschaft zunehmend ein neues Verfahren (Henning & Radtke, 2006; Huang & Pretzsch, 2010). Es ermöglicht die Erfassung der räumlichen Struktur der Vegetation über größere Flächen und gleichzeitig die Bestimmung diverser Bestandsparameter (Aschoff & Spiecker, 2004; Maas et al., 2008). Die folgenden Ausführungen in den Abschnitten 3.2.1 bis 3.2.3 über terrestrisches Laserscanning stellen größtenteils eine Zusammenfassung der Dissertation von Frau Bienert dar (Bienert, 2013).

3.2.1 Das Funktionsprinzip eines terrestrischen Laserscanners

Bei einem Laser handelt es sich um eine besondere Lichtquelle, die stark gebündeltes (kleiner Öffnungswinkel), näherungsweise monochromatisches (definierte Frequenz) und kohärentes Licht (Wellenpakete ohne Phasenverschiebung) mit sehr hoher Intensität aussendet. Laser werden nach ihrer thermischen Leistung in Gefahrenklassen eingeteilt, wobei hier Geräte der Klasse 1 und 3R zum Einsatz kamen und Letztere eine Schutzbrille erfordern. Das breit gefächerte Anwendungsgebiet von Lasern und das Funktionsprinzip erläutern beispielsweise Eichhorn (2013), Radloff (2010) und Weber & Herziger (1972) sehr ausführlich, sodass hier nicht näher darauf eingegangen wird.

Das Abtasten von Oberflächen mittels Laser bezeichnet man als Laserscanning. Dabei handelt es sich um ein schnelles und berührungsfreies Verfahren zur Digitalisierung dreidimensionaler, komplexer Geometrien. Von fliegenden Plattformen aus betrieben, ist es bereits seit mehreren Jahrzehnten fester Bestandteil in der Forstwirtschaft und -wissenschaft. Es dient vornehmlich zur Erstellung von digitalen Gelände- und Oberflächenmodellen, woraus sich weitere Informationen, wie die bereits erwähnte lokale Kronenhöhe, ableiten lassen (Maas, 2005; Vosselman & Maas, 2010). Aktuelle Forschungsvorhaben beschäftigen sich mit dem sogenannten „Full Waveform Laserscanning“, welches in Zukunft die Möglichkeit bieten soll, eine vertikale Verteilung der Vegetation aus den luftgestützten Laserscans mit ausreichender Auflösung großflächig zu bestimmen.

Derzeit besser geeignet ist der terrestrische Laserscanner. Das Gerät besteht aus einer Laserquelle, einer Distanzmesseinheit, einer Strahlablenkungseinheit (meist ein beweglicher Spiegel), einem Stativ, einer Stromquelle und einem Speichermedium. Zusätzlich lässt sich der Scanner mit einem Motor für horizontale Panoramen und mit einer Kamera

Abbildung 3.4: Darstellung eines Ausschnitts der dreidimensionalen Punktwolke, aufgenommen mit einem terrestrischen Laserscanner im Untersuchungsgebiet (Punktdichte für eine bessere Darstellung reduziert). Die Abbildung wurde mit freundlicher Genehmigung von Springer Science and Business Media aus dem Artikel von Schlegel et al. (2012) in der Zeitschrift Boundary-Layer Meteorology entnommen.

ausrüsten. Während des sequentiellen Abtastvorgangs werden kontinuierlich Laserimpulse ausgesendet und durch die Strahlablenkungseinheit in eine bestimmte Richtung gelenkt. Die Information über den vertikalen und horizontalen Winkel zusammen mit der durch die Distanzmesseinheit bestimmten Laufzeit erlaubt es, die Koordinaten des reflektierenden Punktes im Raum zu berechnen. Am Ende erhält man eine dreidimensionale Punktwolke mit kartesischen Koordinaten, bezogen auf den Standort des Laserscanners. Sie enthält die dreidimensionale Oberflächenkontur des gewünschten Objekts (Abbildung 3.4) und oftmals eine Angabe über die Intensität, da die meisten Oberflächen diffuse Strahler sind (Wagner et al., 2003).

Im Einsatz waren zwei verschiedene Typen von Laserscannern, die sich hauptsächlich im eingesetzten Distanzmessverfahren und damit in ihrer Genauigkeit und Reichweite unterscheiden. Am häufigsten wurde der Riegl LMS-Z420i verwendet, welcher die Distanz über ein Impulslaufzeitverfahren misst und über eine Reichweite von 1000 m und einen Sichtbereich von 80° × 360° verfügt (Riegl, 2009). Alternativ kam ein Faro[7] LS 880 zum Einsatz, dessen Distanzmesseinheit mit einem Phasenvergleichsverfahren, also der Phasenverschiebung zwischen einer Modulations- und einer Trägerwelle, arbeitet. Seine Reichweite beträgt 76 m und der Sichtbereich 320° × 360° (Faro, 2005).

Beim Laserscanning handelt es sich um ein optisches Messverfahren. Das birgt den Nachteil, dass Objekte, die abgetastet werden, hinter sich einen Bereich erzeugen, in welchen der Laserstrahl nicht vordringen kann. Dieser sogenannte Scanschatten ist im Wald besonders problematisch, da die Bäume selten nebeneinander stehen und auch dichte Baumkronen große Bereiche darüber und dahinter verdecken. Abhilfe schafft das Multiple-Scan-Verfahren, bei dem das Objekt zur Reduktion des Scanschattens von verschiedenen

[7] www.faro.com

Standpunkten aus abgetastet wird (Thies et al., 2003). Am Ende erhält man mehrere, jeweils auf den Standort des Scanners bezogene Punktwolken und muss diese dann durch eine automatische oder händische Registrierung in ein übergeordnetes Koordinatensystem überführen (Bienert & Maas, 2009). Dafür benötigt man Verknüpfungspunkte, beispielsweise künstliche Zielmarken oder Reflektoren, von denen jeweils mindestens drei von zwei Positionen aus sichtbar sein müssen. Der Standortwahl für den Laserscanner kommt daher eine große Bedeutung zu, da im dichten Unterholz des Waldes die Sichtbarkeit zumeist eingeschränkt ist. Aus der Punktwolke im übergeordneten Koordinatensystem lässt sich nunmehr eine Vielzahl verschiedener Informationen entnehmen (Kraus, 2004*b*; Vosselman & Maas, 2010). Spannend ist beispielsweise die Bestimmung des Jagdlebensraums von Fledermäusen (Aschoff et al., 2006), aber auch von Bestandsparametern wie Baumpositionen, Brusthöhendurchmesser, Baumhöhe und Holzqualität (Thomas et al., 2006).

3.2.2 Die Blattflächendichte als Attribut im Voxelraum

Die unorganisierte Punktwolke ist im Allgemeinen schwer zu handhaben. Daher basiert die Bestimmung der lokalen Blattflächendichte auf einem strukturierten, orthogonalen und äquidistanten Gitter aus sogenannten Voxeln, ein Akronym für „Volumetric Pixel“. Im Prinzip handelt es sich dabei um Würfel mit achsenparallelen Seitenflächen, denen je nach Anwendung verschiedene Attribute zugeteilt werden. Zur Illustration sind in Abbildung 3.5 verschiedene Voxelräume am Beispiel einer Baumgruppe dargestellt.

Um die Blattflächendichte zu bestimmen, rekonstruiert man für jeden Eintrag in der Punktwolke den dazugehörigen Laserstrahl, ausgehend vom Scanner bis zur maximalen Reichweite der Distanzmesseinheit (Bienert et al., 2010; Queck et al., 2012). Dieses aus der Computergrafik bekannte Verfahren heißt Strahlenverfolgung (engl. ray tracing, Abbildung 3.6) und gestattet es, für jeden Standort des Laserscanners die Anzahl der Laserstrahlen herausfinden, welche:

- zu einem direkten Treffer in einem Voxel $n_{Treffer}$ geführt haben,
- ein Voxel ohne Treffer passiert haben n_{Durch},
- zu einem Treffer geführt hätten $n_{Schatten}$, wären sie nicht vorher reflektiert worden.

Abbildung 3.5: Voxelräume in verschiedenen Auflösungen (von links): Punktwolke, 10 cm Voxel, 50 cm Voxel und 1 m Voxel. Die Abbildungen wurden freundlicherweise von A. Bienert aus ihrer Dissertation zur Verfügung gestellt (Bienert, 2013).

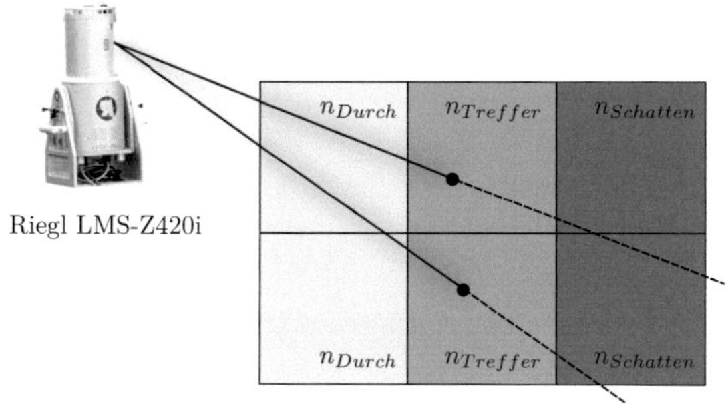

Abbildung 3.6: Skizze zum Prinzip der Strahlenverfolgung mit den für die Bestimmung der Blattflächendichte notwendigen Attributen.

Mit diesen Informationen kann man die Reflexionswahrscheinlichkeit eines Voxels aufgrund der enthaltenen Vegetation, bezogen auf den jeweiligen Standort, berechnen:

$$P = \frac{n_{Treffer}}{n_{Treffer} + n_{Durch}}. \tag{3.3}$$

Ein Wichtung mit der maximalen Anzahl der von dort emittierten Laserstrahlen führt auf die Gesamtreflexionswahrscheinlichkeit eines Voxels

$$\begin{aligned} P_{ges} &= \frac{\sum_{l=1}^{L} w_l \, P_l}{\sum_{l=1}^{L} w_l} \\ w_l &= \frac{n_{Treffer,l} + n_{Durch,l}}{n_{Treffer,l} + n_{Durch,l} + n_{Schatten,l}}, \end{aligned} \tag{3.4}$$

wobei w die Gewichtsfunktion, l den jeweiligen Standort und L die Gesamtanzahl aller Standorte, die in einem Voxel zu einem Treffer geführt haben, bezeichnet. P_{ges} ist bereits ein gutes Maß für die lokale Blattflächendichte, muss aber mit einem noch unbekannten, bestands- und methodenspezifischen Klumpungsfaktor multipliziert werden (Ryu et al., 2010). Für dessen Bestimmung bietet sich ein direkter Vergleich an, da in dem westlich des Hauptmasts T4 gelegenen 30 m × 30 m großen Referenzareal der Blattflächenindex LAI = 7,1 $m^2 m^{-2}$ bereits bekannt ist (Abschnitt 3.1.2). Eine einfache Integration der Gesamtreflexionswahrscheinlichkeit im betreffenden Ausschnitt des Voxelraums liefert den gesuchten Klumpungsfaktor (Queck et al., 2012).

Aktuelle Laserscanner erlauben theoretisch eine Größe der Voxel von weniger als 0,1 m für die Bestimmung der Blattflächendichte. Eine solch hohe Auflösung stellt natürlich enorme Bedingungen an die Abtastgenauigkeit und damit an die Qualität der Punktwolke. Diese ist insbesondere im Unterholz des Waldes und an der Rändern des erfassten Gebietes nur mit sehr viel Aufwand zu garantieren, sodass die vorliegende Arbeit einen Kompromiss zwischen Genauigkeit und Aufwand bei der Durchführung eingeht und die Größe der Voxel auf 1 m begrenzt.

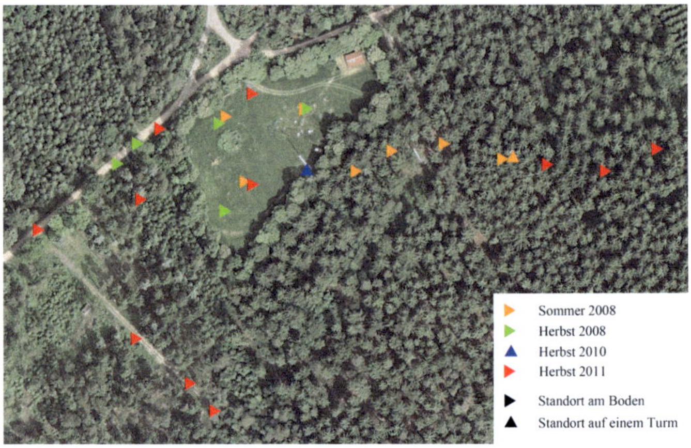

Abbildung 3.7: Standpunkte des terrestrischen Laserscanners zur Datenaufnahme in den Jahren 2008, 2010 und 2011. Im Hintergrund ist ein Ausschnitt des Orthofotos ATKIS®-DOP © Staatsbetrieb Geobasisinformation und Vermessung Sachsen 2013 zu sehen.

3.2.3 Ergebnisse der Messkampagnen

Bei der Aufnahme der Vegetation bevorzugt man windstille Tage, da die Bewegung der Blätter und Äste durch den Wind die Qualität der Daten negativ beeinflusst. Die mittlere Auflösung der eingesetzten Laserscanner beträgt 0,1°, was ungefähr einem Punktabstand von 17 mm bei einer Entfernung von 10 m entspricht. Alle 25 Standorte des Laserscanners im Untersuchungsgebiet während der insgesamt vier Messkampagnen sind in Abbildung 3.7 dargestellt.

Zunächst wurden an einem Sommertag im Jahr 2008 sieben Standorte entlang des Transekts vom Boden aus aufgenommen, fünf mit dem Riegl LMS-Z420i und zwei mit dem Faro LS 88. Da die dichten Kronen der Fichten die Sicht auf die oberen Bereiche verwehrten, war ein Einsatz des Riegl LMS-Z420i von einem der Messtürme aus notwendig. Mit einigem Aufwand gelang es, den 16 kg schweren Laserscanner samt Ausrüstung auf die oberste Plattform des 42 m hohen Hauptmasts der Anker-Station zu befördern, sodass die umliegende Kronendecke flächendeckend erfasst werden konnte. Weiterhin erschwerten die Blätter der Kastanien am Rand des Wildackers den Blick auf die Äste und den Stammraum dahinter, sodass im Herbst des gleichen Jahres fünf weitere Scans mit dem Riegl LMS-Z420i im unbelaubten Zustand erfolgten. Die Auswertung der Punktwolke zeigte allerdings, dass im Bereich der östlichen Waldkante die Baumkronen vom Hauptmast der Anker-Station nur schwer einsehbar sind, was im Herbst 2010 ein weiteres Mal zu einem Einsatz des Riegl LMS-Z420i in großer Höhe führte, diesmal auf dem 40 m hohen Gittermast T2. Alle drei Messkampagnen zusammen erfassen einen Bereich von ungefähr 250 m × 60 m entlang des Transekts und erzeugen eine Punktwolke mit über 50 Millionen Punkten.

An zwei Herbsttagen im Jahr 2011, nach den ersten numerischen Simulationen, kam der Riegl LMS-Z420i erneut zum Einsatz. Die Datenaufnahme fand an elf weiteren Standorte statt, diesmal im westlichen Teil des Untersuchungsgebietes stromauf des Wildackers und östlich des Hauptmasts. Die Punktwolke hat nun eine Dimension von 150 Millionen Punkten und erfasst ein Gebiet von ungefähr 400 m × 250 m entlang des Transekts. Leider nimmt die Qualität zu den Rändern hin durch die Abschattungseffekte rapide ab, weshalb immer nur ein Teil des durch die Punktwolke abgedeckten Gebietes für die zuverlässige Bestimmung der Blattflächendichte geeignet ist.

3.3 Wie baut man einen Wald? – Der „Virtual Canopy Generator“

Die Nutzung eines terrestrischen Laserscanners liefert spektakuläre Einblicke in die räumliche Struktur der Vegetation und ermöglicht die Bestimmung der lokalen Blattflächendichte mit einer hohen Genauigkeit. Leider ist das Verfahren relativ aufwändig bei der Durchführung und Aufbereitung der Daten, sodass eine flächendeckende Erfassung des gesamten Bestandes in einem für die numerische Simulation notwendigen Umfang nicht wirtschaftlich ist und eine Alternative gefunden werden muss. Dazu lohnt sich ein Blick über die Grenzen der geplanten Anwendung einer Strömungssimulation hinaus, in den Fachbereich der Fernerkundung. Dort werden Radiometer mit einer Auflösung von bis zu 250 m an Bord von Satelliten installiert, beispielsweise die europäischen MetOp-A und -B oder die amerikanischen Terra und Aqua, und zur Untersuchung des Strahlenhaushalts der Erde eingesetzt (Frey et al., 2012; Hansen et al., 2010). Interessanterweise beeinflusst nicht nur die Pflanzenart das Absorptions-, Reflexions- und Transmissionsverhalten auf unterschiedlichen Frequenzen, sondern auch deren Höhe, Dichte und Gesundheitszustand. Die Tatsache, dass ein Großteil der Landoberfläche von Vegetation bedeckt wird, erklärt, warum man für die Auswertung der gewonnenen Daten detaillierte Informationen über die horizontale und vertikale Verteilung der Vegetation und deren lokale Eigenschaften benötigt. Da derzeit allerdings kein Verfahren existiert, welches es erlaubt, die gesamte Erdoberfläche zu vermessen, ist eine gewisse Abstraktion unumgänglich. Aber es wäre bereits ein wesentlicher Fortschritt, wenn man für kleinere Gebiete auf der Skala der Auflösung eines Radiometers eine Vegetationsverteilung erzeugen könnte, die statistisch, also hinsichtlich des Mittelwertes und der Standardabweichung, die gleichen Eigenschaften aufweist wie die Realität. Das ist die ursprüngliche Idee des von Bohrer et al. (2007) vorgestellten „Virtual Canopy Generators“. Er generiert eine heterogene Vegetationsschicht, welche sich statistisch genauso verhält wie die zugrunde liegende Realität, aber lokal Unterschiede hinsichtlich ihrer Struktur und ihrer Eigenschaften aufweisen kann. Ursprünglich entwickelt für die bessere Auswertung von Fernerkundungsdaten und zur Modellierung des Lichteinfalls auf den Waldboden (Bohrer et al., 2007), kommt das Programm bisher bei der Untersuchung des Langstreckentransports von Pflanzensamen (Bohrer et al., 2008; Volis & Bohrer, 2013) und des Einflusses der Belaubung im Frühjahr und Winter auf die Windverhältnisse in amerikanischen Wäldern zum Einsatz (Bohrer et al., 2009).

Der „Virtual Canopy Generator“ basiert auf einem äquidistanten, orthogonalen Gitter. Im Hinblick auf die geplanten numerischen Simulationen hat das Gitter in der vorliegenden Arbeit eine Auflösung von 2 m. Weiterhin muss die Vegetation in Bereiche aufgeteilt werden. Das geschieht anhand charakteristischer Pflanzenmerkmale, etwa Bäume und Gras, oder aufgrund räumlicher Gegebenheiten. Die bereits bekannten und im Folgenden verwendeten Parzellen (Abbildung 3.2c) stellen eine räumliche Unterteilung dar, sind aber häufig auch von einer Baumart eines bestimmten Alters und einer bestimmten Höhe dominiert. Die Erzeugung der virtuellen Vegetationsschicht basiert zuerst einmal auf biologischen Eigenschaften ϕ, die sich mit zweidimensionalen, horizontalen Feldern beschreiben lassen, wie dem Blattflächenindex oder der Baumhöhe. Später wird erklärt, auf welche Weise sich daraus die dreidimensionale Blattflächendichte oder ähnliche Größen ableiten.

Zunächst soll jedoch eine kurze theoretische Überlegung die Grundidee besser erläutern: Wäre man in der Lage, eine exakte, flächendeckende Aussage über die räumliche Verteilung von ϕ zu treffen, so würde sich per statistischem Mittelwert $\langle\phi\rangle_\Omega$ und Standardabweichung σ_ϕ eine Matrix bestimmen lassen, die im Folgenden als Matrix der normierten Schwankungen $\mathbf{N}_\phi$ und von Bohrer et al. (2007) als „random canopy field" bezeichnet wird:

$$N_{\phi,ij} = \frac{\phi_{ij} - \langle\phi\rangle_\Omega}{\sigma_\phi}. \qquad (3.5)$$

Die Mittelwerte und die Standardabweichungen sind für die einzelnen Bereiche oder Parzellen mit etwas Aufwand aus stichprobenartigen Messungen verhältnismäßig leicht zu beschaffen, indes scheitert es an der Bestimmung von $\mathbf{N}_\phi$. Bohrer et al. (2007) zeigen einen Weg, wie mittels Fourier-Zerlegung die notwendige Information zumindest näherungsweise aus stereoskopischen Luftbilder entnommen werden kann. Hier erweist es sich als Vorteil, dass für das gesamte Untersuchungsgebiet im Tharandter Wald die Höhe der Baumkronen flächendeckend mit der erforderlichen Auflösung verfügbar ist (Abschnitt 3.1.2). Es bietet sich an, daraus die Matrix der normierten Schwankungen der Kronenhöhe $\mathbf{N}_{h_B}$ zu berechnen und für die gesuchten Größen als Näherung zu verwenden (Bohrer, 2011). Anschließend erhält man deren horizontale Verteilung über die Zufallsfunktion

$$\phi_{ij} = \langle\phi\rangle_\Omega + N_{h_B,ij}\,\sigma_\phi, \qquad (3.6)$$

wobei $\langle\phi\rangle_\Omega$ und σ_ϕ die stichprobenartig gemessenen Werte der gesuchten Größe ϕ im realen Untersuchungsgebiet darstellen. Mit entsprechend normierten vertikalen Profilen lässt sich jetzt auch ein dreidimensionales Feld erzeugen. Beispielsweise kann die Blattflächendichte aus dem generierten lokalen Blattflächenindex und der dazugehörigen lokalen Kronenhöhe auf der Basis generischer Profile nach Kraus (2008) und nach Peters & Eiden (1992) bestimmt werden. Alternativ ist natürlich auch die Verwendung exemplarisch gemessener Profile im realen Bestand möglich. Die Vegetationsschicht im gesamten Untersuchungsgebiet setzt sich anschließend aus den einzelnen Bereichen zusammen. Hat man die Unterteilung aufgrund charakteristischer Eigenschaften vorgenommen, besteht zudem die Möglichkeit, diese stochastisch anzuordnen (Bohrer et al., 2009, 2007). Danach erzeugt jeder Durchlauf des „Virtual Canopy Generators" eine neue Vegetationsschicht, die statistisch aber die gleichen Eigenschaften besitzt wie die Vorherigen.

In der vorliegenden Arbeit werden lediglich der Blattflächenindex und die Blattflächendichte mit Hilfe des „Virtual Canopy Generators" generiert. Die Höhe der Baumkronen ist explizit vorhanden, genauso wie die Anordnung der einzelnen Bereiche, welche den Parzellen entsprechen. Die Abbildung 3.8 illustriert den Zusammenhang zwischen der Höhe der Baumkronen in Abbildung 3.2d und dem erzeugten Blattflächenindex. Die verwendeten statistischen Eingangsparameter sind für die einzelnen Parzellen in Tabelle 3.1 zusammengefasst. Darüber hinaus besteht die Möglichkeit, den Albedo, den Brusthöhendurchmesser oder aber die Verteilung der Bäume zu erzeugen, wovon allerdings kein Gebrauch gemacht wurde (Bohrer et al., 2007).

3.4 Die virtuelle Realität und ihre Variationen

Ein dreidimensionales Abbild der Vegetation des im Tharandter Wald gelegenen Untersuchungsgebietes erweist sich als komplexe Aufgabe, die am Ende zu verschiedenen Versionen mit unterschiedlicher Nähe zur Realität führt. Zum Einsatz kamen ein LAI 2000 Plant

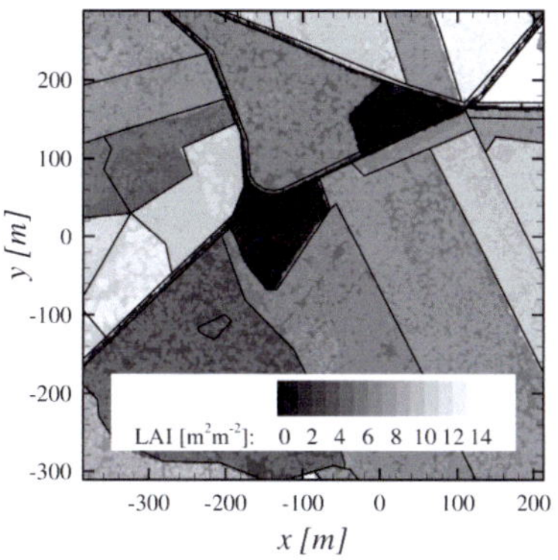

Abbildung 3.8: Mit Hilfe des „Virtual Canopy Generators" generierte Verteilung des Blattflächenindex LAI. Die schwarzen Linien markieren die Waldparzellen im Untersuchungsgebiet.

Canopy Analyser, der „Virtual Canopy Generator" von Bohrer et al. (2007) und terrestrische Laserscanner. Mit dem Einsatz Letzterer betritt man im Bereich der numerischen Simulationen von Strömungen durch Vegetationsschichten Neuland, was natürlich auch mit einem Lernprozess verbunden ist. Die Datenaufnahme fand daher über einen Zeitraum von vier Jahren statt. Terrestrische Laserscanner liefern als einzige ein genaues Abbild der Vegetation, sind allerdings aus wirtschaftlichen Gründen nicht flächendeckend einsetzbar und müssen zwangsläufig mit anderen Varianten kombiniert werden. Damit ergeben sich die folgenden Abstraktionsstufen:

1. Die höchste Abstraktionsstufe stellt der unendliche, homogene Wald dar, dessen Blattflächendichte ausschließlich in vertikaler Richtung variiert und ansonsten konstant bleibt. Die Grundlage hierfür bildet das bereits häufiger erwähnte vertikale Profil in Abbildung 3.2b. Durch Nullsetzen der Blattflächendichte können vorhandene Inhomogenitäten in Form von Waldlichtungen oder Waldwegen trotzdem berücksichtigt werden. Der recht einfache Ansatz gilt bereits seit langem als Standard und wird mit Erfolg von vielen Autoren auch heutzutage eingesetzt (zum Beispiel Dupont et al., 2012; Edburg et al., 2012; Ross & Baker, 2013). Die Ergebnisse der dazugehörigen Grobstruktursimulationen sind in Kapitel 4 dargestellt.

2. Im Laufe der Arbeit erschien es zweckmäßig, eine weitere Abstraktionsstufe einzuführen, welche auf den Messkampagnen der Jahre 2008 und 2010 beruht. Die vollständige Punktwolke deckt ein Gebiet von 250 m × 60 m ab, wovon aber nur ein 191 m × 30 m breiter Streifen entlang des Transekts die notwendige Abtastgenauigkeit für die Bestimmung der Blattflächendichte aufweist. Die eigentlich 90 m breite Lichtung wird infolgedessen in ihrer Nord-Süd-Ausdehnung nur teilweise erfasst und eine Mittelung der Blattflächendichte quer zur Hauptströmung erscheint sinnvoll. Hinterher variiert die Blattflächendichte lediglich in zwei Dimensionen und bleibt in Querrichtung konstant. Darüber hinaus erfordern die periodischen Randbedingungen eine Mindestausdehnung des Lösungsgebietes, welche den verfügbaren Bereich übersteigt. Hierfür

wird, mangels Alternativen zum damaligen Zeitpunkt, der bereits beschriebene homogene Wald angewendet und die Blattflächendichte aus den terrestrischen Laserscans in diesen eingebettet. Der Vergleich zwischen den Grobstruktursimulationen aus Stufe *eins* und Stufe *zwei* erfolgt in Kapitel 4.

3. In der niedrigsten Abstraktionsstufe stehen Scandaten aus den Jahren 2008, 2010 und 2011 sowie der „Virtual Canopy Generator" zur Verfügung. Durch die zusätzliche Messkampagne und eine verbesserte Auswertung der vorherigen Rohdaten deckt die Punktwolke ein Gebiet von 400 m × 250 m ab, wobei auch hier die Abtastgenauigkeit zu den Rändern hin stark nachlässt und die Blattflächendichte nur innerhalb von 328 m × 172 m eine gute Qualität aufweist. Damit umfassen die Laserscans den gesamten Wildacker, inklusive dessen nördlicher und südlicher Ränder. Nichtsdestotrotz sind die Abmessungen des Lösungsgebietes weiterhin deutlich größer als die verfügbaren Daten, aber ein erneuter Einsatz des klassischen homogenen Waldes kam nicht in Frage. Allerdings stand mit dem „Virtual Canopy Generator" zu diesem Zeitpunkt ein geeignetes Programm zur Verfügung, sodass die terrestrischen Laserscans in eine zumindest statistisch näherungsweise exakte Reproduktion des Tharandter Waldes eingebettet werden konnten. Man erhält eine Blattflächendichte, die in drei Dimensionen variiert, eine zum momentanen Zeitpunkt größtmögliche Nähe zur Realität aufweist und darüber hinaus die erforderlichen Abmessungen für eine Grobstruktursimulation garantiert. Deren Ergebnisse werden in Kapitel 5 diskutiert.

4 Ergebnisse mit einer zweidimensionalen Blattflächendichte

Im folgenden Kapitel werden die Ergebnisse einer Grobstruktursimulation mit heterogener Blattflächendichte vorgestellt, die zunächst auf Abstraktionsstufe *zwei* basiert. Ziel ist es, deren Einfluss auf das turbulente Geschwindigkeitsfeld zu untersuchen und mit dem klassischen Ansatz des homogenen Waldes aus Abstraktionsstufe *eins* zu vergleichen. Das verwendete Lösungsgebiet hat eine Ausdehnung von $760\,\mathrm{m} \times 380\,\mathrm{m} \times 210\,\mathrm{m}$ und der Koordinatenursprung befindet sich auf Höhe der östlichen, stromab gelegenen Waldkante. Als Bezugslänge bietet sich die mittlere Baumhöhe im Bereich des Hauptmasts der Anker-Station $h_{Ref} = 30\,\mathrm{m}$ an, sodass die relativen Gebietsabmessungen $25\,h_{Ref} \times 14\,h_{Ref} \times 7\,h_{Ref}$ betragen. Da es sich bei der Referenzhöhe um eine mittlere Größe handelt, wurde das Lösungsgebiet in der Vertikalen etwas ausgedehnt, um immer eine ausreichende Distanz zum oberen Rand zu gewährleisten.

Die Studie besteht aus insgesamt drei Grobstruktursimulationen mit unterschiedlichen, in Abbildung 4.1 illustrierten Vegetationsschichten. Als Referenz dient zunächst ein vollständig homogener Wald auf der Grundlage der eindimensionalen Blattflächendichte aus Abstraktionsstufe *eins*, der im Folgenden als REF bezeichnet wird. Der zweite Testfall namens HOM ist im Prinzip identisch, beinhaltet aber den Wildacker in Form einer vegetationsfreien Zone zwischen $x = -60\,\mathrm{m}$ und $x = 0\,\mathrm{m}$. Die relative Länge der Lichtung beträgt $2\,h_{Ref}$. Diese beiden bilden die Grundlage für den Vergleich mit der letzten, HET genannten Grobstruktursimulation auf der Basis von Abstraktionsstufe *zwei*. Dabei wird der homogene Wald zwischen $x = -76\,\mathrm{m}$ bis $x = 115\,\mathrm{m}$ durch eine in y-Richtung gemittelte Blattflächendichte aus den terrestrischen Laserscans ersetzt und weist damit eine kleinräumige Heterogenität auf.

Das orthogonale numerische Gitter besteht aus $220 \times 190 \times 82$ Kontrollvolumina. Innerhalb einer Kernzone von $-146\,\mathrm{m} \leq x \leq 520\,\mathrm{m}$, $z \leq 140\,\mathrm{m}$ sowie in y-Richtung wird eine Auflösung von $\Delta_x = \Delta_y = \Delta_z = 2\,\mathrm{m}$ beibehalten und außerhalb langsam auf $6\,\mathrm{m}$ gestreckt. Aufgrund der höheren Auflösung des Voxelraums (Abschnitt 3.2.2) wird die Blattflächendichte aus dem Mittelwert aller Voxel gebildet, deren Schwerpunkt sich innerhalb der Seitenflächen des betrachteten Kontrollvolumens befindet. Eine Justierung des mesoskaligen Druckgradienten am Ende eines jeden Zeitschritts gewährleistet einen konstanten Massenstrom durch den Einströmrand (siehe Ausführungen zu den verwendeten Randbedingungen in Abschnitt 2.3.4). Übereinstimmend mit den Freilandmessungen wurde der dafür notwendige Richtwert so gewählt, dass sich in den numerischen Simulationen am Hauptmast T4 in $42\,\mathrm{m}$ Höhe eine mittlere Geschwindigkeit von $3 \ldots 4\,\mathrm{ms}^{-1}$ einstellt. Der Mittelwert am Referenzmessgerät im Freilandexperiment beträgt $\approx 4\,\mathrm{ms}^{-1}$. Die Zeitintegration erfolgte über $10\,000\,\mathrm{s}$ mit einem Zeitschritt von $\Delta_t = 0{,}025\,\mathrm{s}$, wobei über einen Zeitraum von $5\,000\,\mathrm{s}$ statistische Daten des turbulenten Geschwindigkeitsfeldes ermittelt wurden. Die mittlere Courant-Zahl (Gleichung 2.17) liegt bei $\mathrm{Co} = 0{,}075$ und damit innerhalb der durch das Zeitschrittverfahren und den TVD-Begrenzer vorgegebenen Grenze.

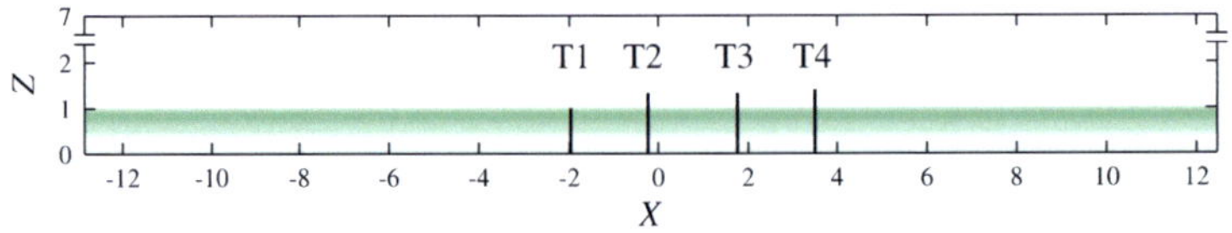

(a) Verteilung der Blattflächendichte in der Grobstruktursimulation REF

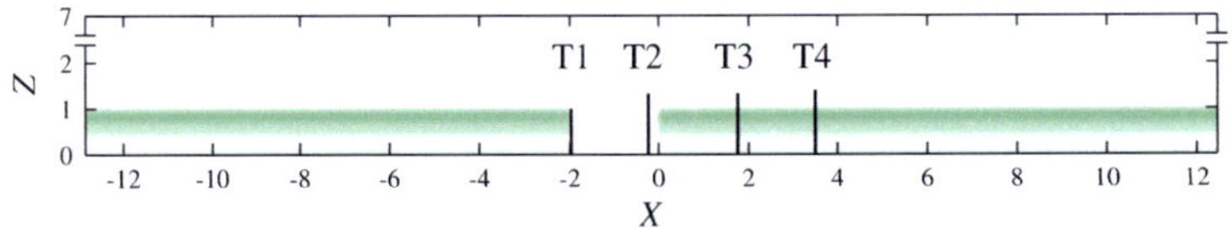

(b) Verteilung der Blattflächendichte in der Grobstruktursimulation HOM

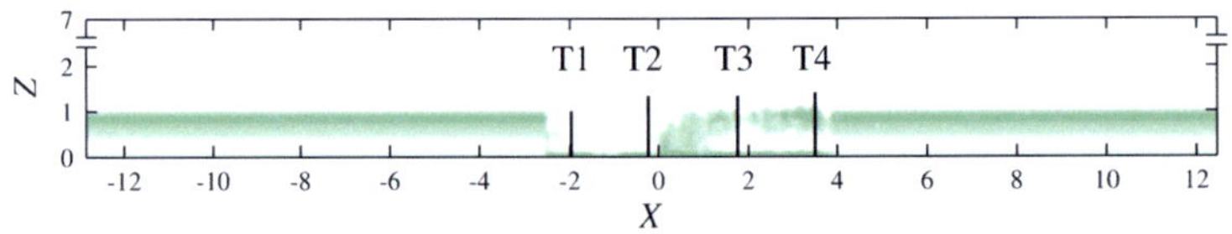

(c) Verteilung der Blattflächendichte in der Grobstruktursimulation HET

Abbildung 4.1: Darstellung der Blattflächendichte und der Positionen der Messtürme in den einzelnen Grobstruktursimulationen. Die Blattflächendichte bleibt in y-Richtung konstant. Der Teleskopmast T1 befindet sich bei $X = -1{,}97$, der Gittermast T2 bei $X = -0{,}23$, der Gittermast T3 bei $X = 1{,}77$ und der Hauptmast bei $X = 3{,}5$. Die Normierung der Koordinaten erfolgt anhand Gleichung (4.2).

Zusätzlich kann man sich den Umstand zunutze machen, dass die Blattflächendichte in y-Richtung konstant bleibt, und die Statistik durch eine entsprechende räumliche Mittelung verbessern. Die instantane, gefilterte Geschwindigkeit setzt sich somit zusammen aus

$$\overline{u}_i = \langle \overline{u}_i \rangle_{t,\Omega} + \overline{u}_i', \tag{4.1}$$

wobei $\langle \overline{u}_i \rangle$ den statistischen Mittelwert repräsentiert. Die Indizes t und Ω kennzeichnen die zeitliche, respektive räumliche Mittelung. Der letzte Term $\overline{u}_i'$ in obiger Gleichung steht für die Fluktuationen, beinhaltet also die durch die Turbulenz verursachten Schwankungen.

Bevor in den folgenden Abschnitten die Ergebnisse der einzelnen Grobstruktursimulationen untereinander und mit dem Freilandexperiment – später als FIELD abgekürzt – verglichen werden, erscheint es sinnvoll, eine Konvention für eine übersichtlichere Darstellung zu treffen und dimensionslose Variablen einzuführen. Die Normierung der Koordinaten erfolgt mit der Referenzhöhe h_{Ref}:

$$X = \frac{x}{h_{Ref}} \quad , \quad Y = \frac{y}{h_{Ref}} \quad \text{und} \quad Z = \frac{z}{h_{Ref}} \tag{4.2}$$

Für die mittlere Geschwindigkeit und deren Fluktuationen

$$U_i = \frac{\langle \overline{u}_i \rangle_{t,\Omega}}{U_{Ref}} \quad \text{und} \quad U_i' = \frac{\overline{u}_i'}{U_{Ref}} \tag{4.3}$$

wird als Bezugsgröße eine Referenzgeschwindigkeit U_{Ref} definiert, die sich aus der jeweiligen Windgeschwindigkeit am Hauptmast T4 in 42 m Höhe in den Grobstruktursimulationen REF, HOM und HET ergibt. Darüber hinaus ist die Stromfunktion Ψ definiert durch

$$\frac{\partial \Psi}{\partial X} = W \quad \text{und} \quad \frac{\partial \Psi}{\partial Z} = -U, \tag{4.4}$$

eine in der Strömungsmechanik gern verwendete Größe, um Strömungen analysieren zu können. Im vorliegenden Fall beschreibt der untere Rand bei $Z = 0$ eine Stromlinie ($\Psi =$ konstant), sodass Ψ durch eine Integration in vertikaler Richtung

$$\Psi(X, Z) = -\int_0^Z U\left(X, \tilde{Z}\right) \mathrm{d}\tilde{Z} \tag{4.5}$$

bestimmt werden kann. Für turbulente Strömungen sind dazu statistische Momente zweiter Ordnung, die sogenannten Reynolds-Spannungen, interessant, da sich die Fluktuationen der Geschwindigkeit $\overline{u}_i'$ im zeitlichen Mittel per Definition (Gleichung 4.1) zu Null ergeben müssen. Eine besondere Rolle spielt dabei die Komponente, welche einen turbulenten Impulstransport in vertikaler Richtung hervorruft:

$$R_{xz} = -\langle U'W' \rangle_{t,\Omega}. \tag{4.6}$$

Etwas irreführend ist allerdings die Richtung des turbulenten Transports, der bei $R_{xz} > 0$ zur Erdoberfläche hin erfolgt und im Sinne der Meteorologie einen positiven Impulsstrom darstellt (Kraus, 2008). Entsprechend handelt es sich bei $R_{xz} < 0$ um einen negativen Impulsstrom von der Erdoberfläche weg. Ferner lässt sich aus der Hauptdiagonalen des Reynoldsschen Spannungstensors die aufgelöste turbulente kinetische Energie

$$K = \frac{\langle U_i' U_i' \rangle_{t,\Omega}}{2} \tag{4.7}$$

berechnen, wobei hier die Einstein-Konvention gilt. Später wird noch die Schiefe (gern Asymmetrieparameter genannt, engl. skewness) der Geschwindigkeitsfluktuationen in Strömungsrichtung benötigt:

$$Sk_u = \frac{\left\langle U'^3 \right\rangle_t}{\left\langle U'^2 \right\rangle_t^{3/2}}. \tag{4.8}$$

Dabei handelt es sich um ein statistisches Moment dritter Ordnung, welches die Information beinhaltet, ob es sich eher um größere oder um viele kleinere Wirbel mit demselben Gehalt an turbulenter kinetischer Energie handelt. Berechnet wird die Schiefe aus Zeitreihen, die an den Positionen der Ultraschallanemometer am Hauptmast T4 in 2 m, 10 m, 20 m, 30 m und 42 m Höhe mit 0,8 Hz gespeichert wurden. Damit ist natürlich keine räumliche Mittelung der zugrunde liegenden Geschwindigkeiten möglich.

4.1 Der Einfluss der Heterogenität auf die mittlere Strömung

Die Betrachtung der Stromlinien in den Abbildungen 4.2a und 4.3a ermöglicht einen Einblick in den wesentlichen Charakter der mittleren Strömung. In den beiden Grobstruktursimulationen HOM und HET kann man einen Bereich identifizieren, der durch eine

Rückströmung gekennzeichnet ist ($\Psi = 0$). Dieses sogenannte Rezirkulationsgebiet erstreckt sich über nahezu die gesamte Länge der Lichtung in Strömungsrichtung, ist in HET allerdings kompakter als in HOM. Ein derartiges Verhalten der Strömung wurde bereits von anderen Autoren hinter einem Wald-Lichtung-Übergang (Lee) beobachtet. Dabei handelt es sich vornehmlich um freistehende Waldkanten, denen eine Lichtung ausreichender Länge folgt oder vorausgeht. Die Strömung kann sich daher vollständig an den Untergrund anpassen. So stellen beispielsweise Cassiani et al. (2008) einen Zusammenhang mit der Dichte der stromauf befindlichen Vegetation fest und registrieren ein Rezirkulationsgebiet ab einem Blattflächenindex von LAI $\geq 4\,\mathrm{m^2m^{-2}}$. Die ermittelte Wiederanlegelänge beträgt ungefähr $3{,}4\,h_{Ref}$, was die relative Länge der hier vorhandenen Lichtung übersteigt.

Folglich verhält sich die Strömung im Bereich des Lichtung-Wald-Übergangs (Luv) anders und wird nicht, wie eigentlich zu erwarten gewesen wäre, nach oben abgelenkt (Dupont & Brunet, 2009; Yang et al., 2006a,b). Im Gegenteil, die Stromlinien zeigen, dass sie von oben herab in den Bestand eintritt, was in der Simulation HOM aufgrund des größeren Rezirkulationsgebietes besonders stark ausgeprägt ist (Abbildung 4.2a). Weiter stromab beginnt sich die Strömung an den neuen Untergrund anzupassen, und nach eine Strecke von $5{,}5\,h_{Ref}$ ist in HOM der Übergang vollzogen, zumindest wenn man das Kriterium nach Dupont & Brunet (2008a) für einen verschwindenden vertikalen Wind $W \leq 0{,}01$ auf Höhe der Baumkronen bei $Z = 1$ zu Grunde legt. Betrachtet man die Stromlinien im Bereich der luvwärtigen Waldkante genauer, so fällt auf, dass diese in HET deutlich weniger gekrümmt sind als in HOM (Abbildung 4.2a und 4.3a). Die Ursache liegt vermutlich in der ersten Baumreihe, die aus Kastanien besteht und den offenen Stammraum der Fichten abschließt. Die Waldkante erhält dadurch eine schräge Form mit einer gleichmäßig dichten Vegetation und es scheint, als wäre die Natur bestrebt, einen eher sanften Übergang zu gewährleisten. Unterstützung erhält diese Annahme durch den Ablenkungswinkel, der in HET 8° beträgt und im Vergleich dazu 41° in HOM. Er wird an der Stelle des höchsten vertikalen Windes als Winkel zwischen dem Vektor der mittleren Geschwindigkeit $\mathbf{U}$ und der Horizontalen bestimmt (Irvine et al., 1997). Ein Vergleich mit Experimenten an einem freistehenden Heide-Wald-Übergang in Northumberland, England, von Irvine et al. (1997) zeigt eine quantitative Übereinstimmung mit der Simulation HET, allerdings mit umgekehrten Vorzeichen. Insgesamt zeigen die Stromlinien ein relativ ähnliches Muster für beide Grobstruktursimulationen.

Interessanter im Hinblick auf die Auswirkungen der heterogenen Blattflächendichte sind die mittleren Geschwindigkeiten in Abbildung 4.2b, 4.2c, 4.3b und 4.3c. Während die horizontale Komponente ab $X \geq 1{,}4$ zumindest eine Ähnlichkeit zwischen den beiden Simulationen HOM und HET aufweist, variiert die vertikale über den gesamten heterogenen Bereich von HET in einer signifikanten Größenordnung von bis zu drei Prozent der Referenzgeschwindigkeit. Demgegenüber schwankt sie in HOM nur in einem kleinen Bereich von $0 \leq X \leq 1{,}2$ nahe der luvwärtigen Waldkante. Aus diesem Grund kann für HET keine Übergangslänge nach dem Kriterium von Dupont & Brunet (2008a) angegeben werden. Es besteht aber offensichtlich ein Zusammenhang zwischen der kleinräumigen Heterogenität und der mittleren vertikalen Geschwindigkeit.

Abbildung 4.4 vergleicht die Ergebnisse der mittleren horizontalen Geschwindigkeit in den numerischen Simulationen mit dem Freilandexperiment FIELD an den jeweiligen Positionen der Messtürme entlang des Transekts (Queck, 2010). Als Referenz dient zudem das Geschwindigkeitsprofil von REF in einem homogenen Wald ohne Lichtung. In Strömungsrichtung zuerst befindet sich der Teleskopmast T1 bei $X = -1{,}97$, unmittelbar hinter der leewärtigen Waldkante (Abbildung 4.4a). In HET sind bereits Einflüsse der

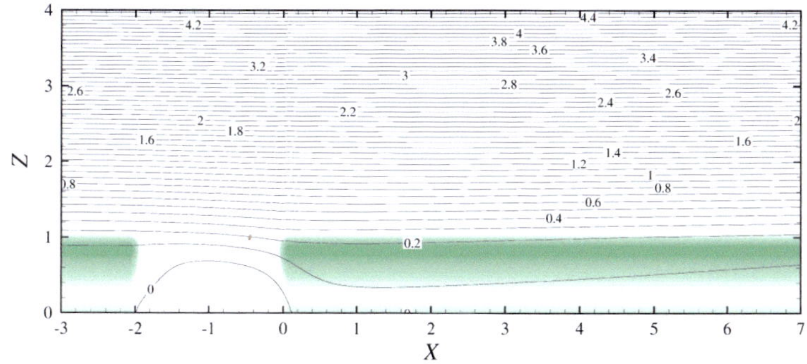

(a) Stromfunktion Ψ

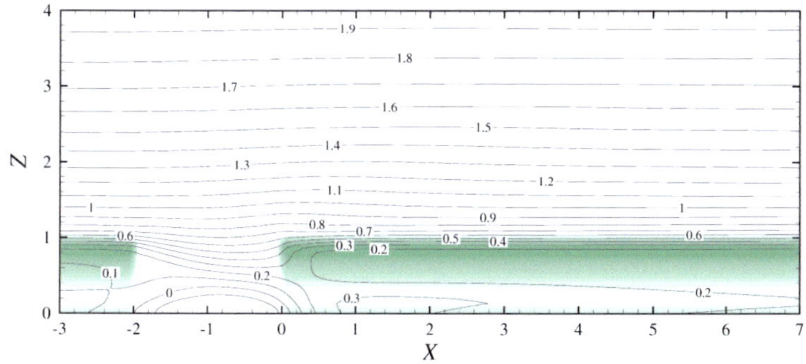

(b) Geschwindigkeitskomponente U in Strömungsrichtung

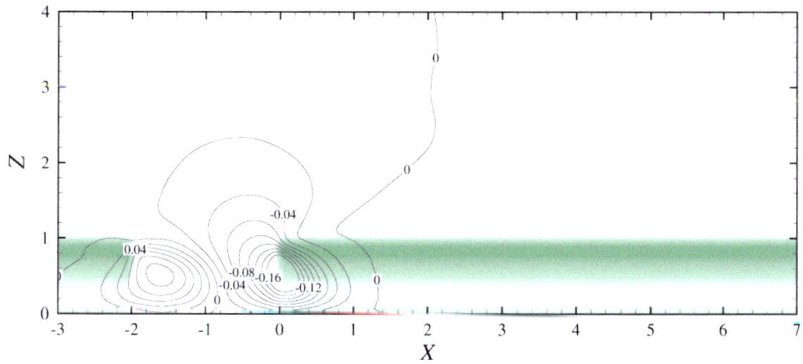

(c) Geschwindigkeitskomponente W in vertikaler Richtung

Abbildung 4.2: Ergebnisse der Grobstruktursimulation HOM: Stromfunktion und Komponenten der mittleren Geschwindigkeit. Die Normierung erfolgt entsprechend den Gleichungen (4.2), (4.3) und (4.4). Im Hintergrund ist als Schattierung die Blattflächendichte zu sehen.

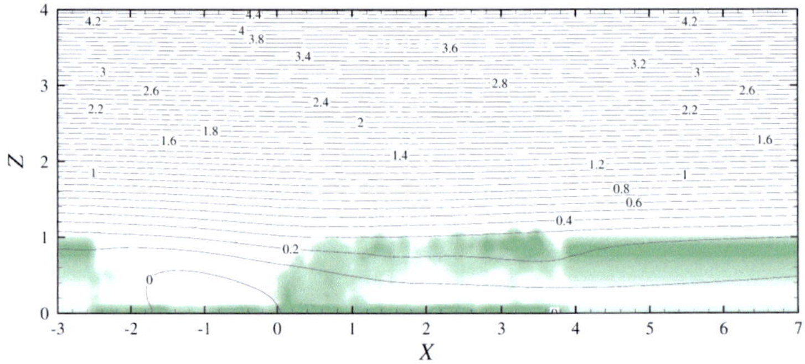

(a) Stromfunktion Ψ

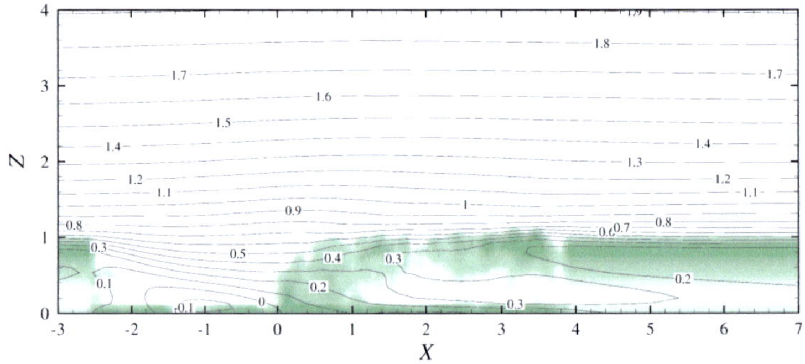

(b) Geschwindigkeitskomponente U in Strömungsrichtung

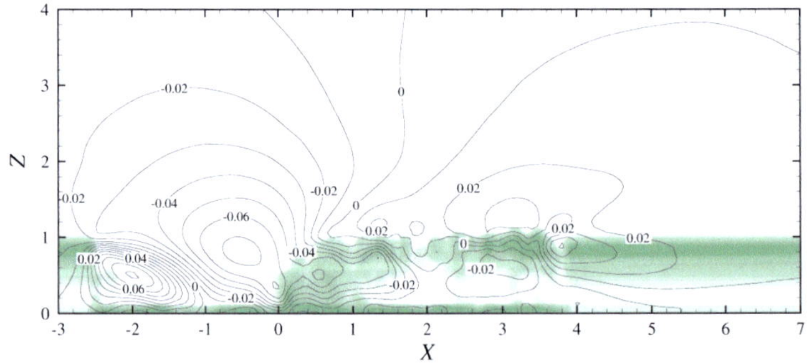

(c) Geschwindigkeitskomponente W in vertikaler Richtung

Abbildung 4.3: Ergebnisse der Grobstruktursimulation HET: Stromfunktion und Komponenten der mittleren Geschwindigkeit. Die Normierung erfolgt entsprechend den Gleichungen (4.2), (4.3) und (4.4). Im Hintergrund ist als Schattierung die Blattflächendichte zu sehen.

Lichtung erkennbar, während HOM nur geringe Unterschiede im Vergleich zu REF zeigt. Im Freilandexperiment wurde im Bereich der Baumkronen von $0{,}4 \leq Z \leq 0{,}8$ eine deutlich höhere mittlere Geschwindigkeit gemessen als in den numerischen Simulationen. Die Ursache könnte in der mit einem Blattflächenindex von $\mathrm{LAI} = 7{,}1\,\mathrm{m^2m^{-2}}$ relativ dichten homogenen Vegetation stromauf liegen und in einem dadurch zu hohen aerodynamischen Widerstand. Bestätigt wird diese Vermutung durch das tendenziell bessere Verhalten von HET, wo ein kleiner Teil stromauf des Messturms durch die terrestrischen Laserscans erfasst wurde.

Überraschenderweise finden sich im Freilandexperiment weder am Teleskopmast T1 noch am Gittermast T2 bei $X = -0{,}23$ Hinweise auf ein Rezirkulationsgebiet auf der Lichtung (Abbildung 4.4b), was die Aussage von Cassiani et al. (2008) erhärtet, dass dies von einer dichten Vegetation mit einem hohen Blattflächenindex begünstigt wird. Auch am Gittermast T2 zeigt HET eine bessere Übereinstimmung als HOM mit FIELD, wenngleich beide die mittlere Geschwindigkeit qualitativ gut abbilden, quantitativ aber unter- beziehungsweise ab $Z \approx 0{,}7$ überschätzen. Auffällig ist zudem eine deutliche Abweichung vom typischen s-förmigen Profil der Referenzsimulation.

Der folgende Gittermast T3 befindet sich bei $X = 1{,}77$ bereits innerhalb des Bestandes hinter der luvwärtigen Waldkante und das Profil beider Grobstruktursimulationen nähert sich wieder REF an (Abbildung 4.4c). Die von HOM berechnete Geschwindigkeit stimmt im Bereich der Baumkronen gut mit den Ergebnissen des Freilandexperiments überein, überschätzt sie andererseits im Stammraum. Auch hier bieten wieder die Kastanien und die dadurch eigentlich geschlossene Waldkante eine Erklärung. HET weist qualitativ die richtige Form auf, liefert aber allgemein zu hohe Werte.

Weiter stromab befindet sich der Hauptmast T4 der Anker-Station bei $X = 3{,}5$. Abbildung 4.4d zeigt ein ähnliches Bild wie bereits der Gittermast T3, nur dass HOM sogar im Stammraum gut mit FIELD übereinstimmt. Daraus lässt sich schließen, dass der Widerstandsbeiwert vernünftig dimensioniert ist und die deutlich geringere mittlere Geschwindigkeit in HET in einer zu niedrigen Blattflächendichte begründet liegt. Trotzdem zeigt HET eine gute Übereinstimmung mit dem Freilandexperiment auf der Lichtung, wohingegen HOM, wie aufgrund der ursprünglichen Intention des Ansatzes auch nicht anders zu erwarten war, die besseren Resultate im Bestand liefert.

4.2 Der Einfluss der Heterogenität auf die Turbulenz

Im folgenden Abschnitt soll der Einfluss der Heterogenität auf die turbulenten Größen des Geschwindigkeitsfeldes untersucht und mit dem Freilandexperiment verglichen werden. Die Abbildungen 4.5 und 4.6 zeigen die Kontur der turbulenten kinetischen Energie K und der Reynolds-Spannung R_{xz}, jeweils für HOM und HET. In beiden Konfigurationen fällt ein Bereich auf, der durch eine erhöhte turbulente kinetische Energie charakterisiert ist (Abbildung 4.5a und 4.6a). Er reicht bis in eine Höhe von $Z \approx 2{,}1$ und erstreckt sich über die gesamte Lichtung und einen Teil des Bestandes. Dieser lokale Anstieg hängt vermutlich mit der Scherschicht zusammen, welche sich zwischen dem Rezirkulationsgebiet und der Außenströmung ausbildet. Betrachtet man die stromab gelegene Waldkante genauer, so stellt man fest, dass in einer Höhe von $Z \approx 1{,}4$ zunächst das Maximum erreicht wird. Außerdem findet in HOM offenbar ein Transport von K über die offene Vegetation in den dahinter liegenden Stammraum statt, was Dupont et al. (2011) gleichermaßen beobachteten. In HET dagegen verhindert die geschlossene Vegetation im Bereich der Waldkante einen solchen Eintrag von turbulenter kinetischer Energie in den Bestand. Ähnlich verhält es

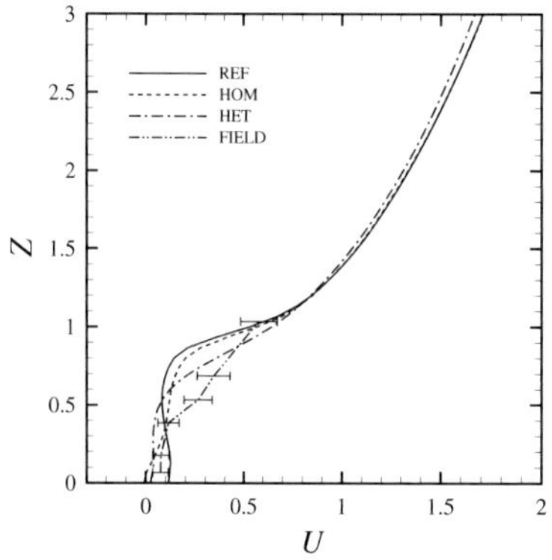

(a) Teleskopmast T1

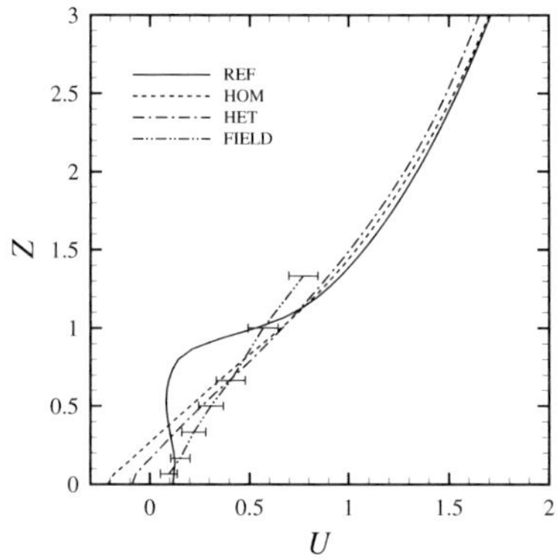

(b) Gittermast T2

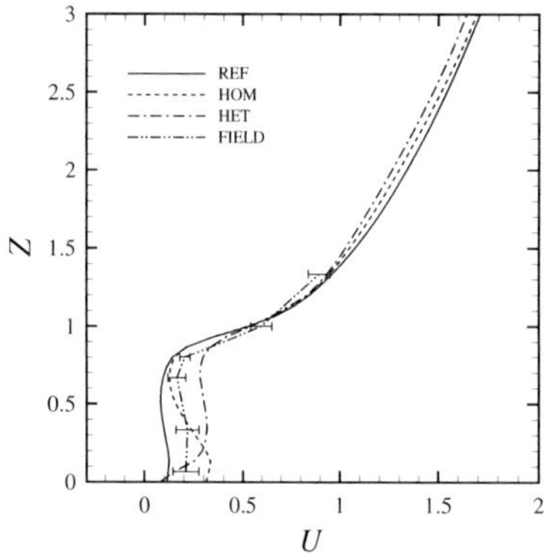

(c) Gittermast T3

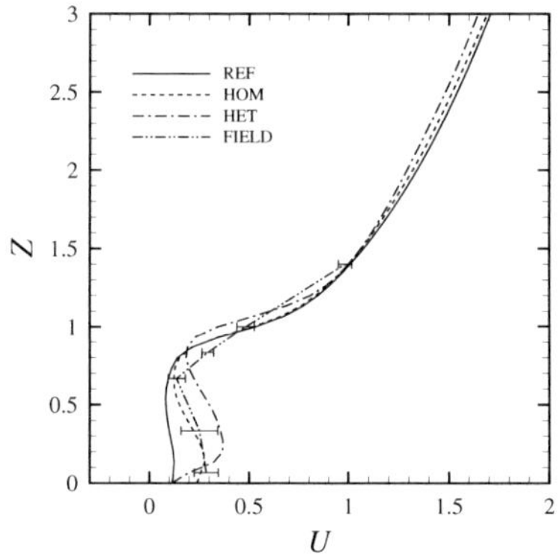

(d) Hauptmast T4

Abbildung 4.4: Vergleich der Komponente der mittleren Geschwindigkeit in Strömungsrichtung U zwischen den numerischen Simulationen und dem Freilandexperiment. Die Normierung erfolgt entsprechend den Gleichungen (4.2) und (4.3).

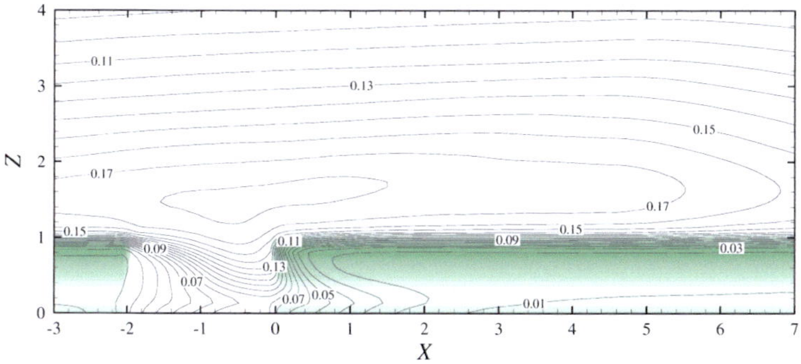

(a) Turbulente kinetische Energie K

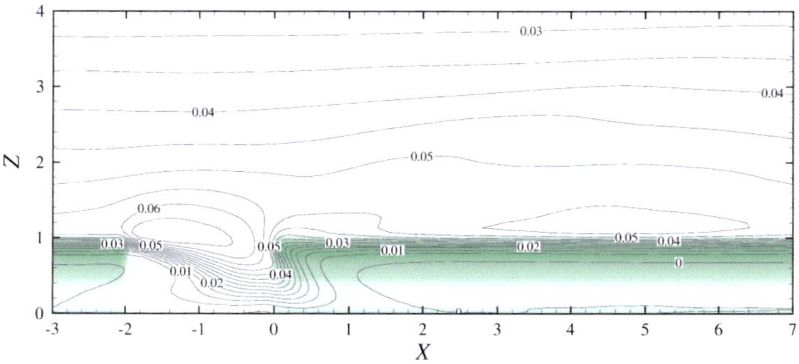

(b) Reynolds-Spannung R_{xz}

Abbildung 4.5: Ergebnisse der Grobstruktursimulation HOM: turbulente kinetische Energie und Reynolds-Spannung. Die Normierung erfolgt entsprechend den Gleichungen (4.2), (4.6) und (4.7). Im Hintergrund ist als Schattierung die Blattflächendichte zu sehen

sich bei der Reynolds-Spannung in den Abbildungen 4.5b und 4.6b. Sie ist ebenfalls durch einen Bereich erhöhter Intensität oberhalb der Lichtung gekennzeichnet (bis $Z \approx 2$), erreicht ihr Maximum aber bereits in der Mitte des Wildackers in einer Höhe von $Z \approx 1{,}1$. Beachtenswert ist auch hier wieder, dass die Wirkung der natürlich geformten Waldkante in HET zu einem sanften Abklingen der Reynolds-Spannung führt.

Abbildung 4.7 vergleicht die numerischen Ergebnisse mit dem Freilandexperiment FIELD an den Positionen der Messtürme entlang des Transekts (Queck, 2010). Zu Vergleichszwecken sind auch die jeweiligen Profile der Referenzsimulation REF in den Abbildungen enthalten. Für die turbulente kinetische Energie lässt sich allgemein eine gute qualitative und zumeist auch quantitative Übereinstimmung konstatieren. Auffällige Abweichungen erkennt man am Teleskopmast T1, wobei HET näher am Experiment liegt als HOM (Abbildung 4.7a). Aufgrund des kompakteren Rezirkulationsgebietes in HET kann dort die turbulente kinetische Energie von der stromauf über dem Bestand etablierten Scher-

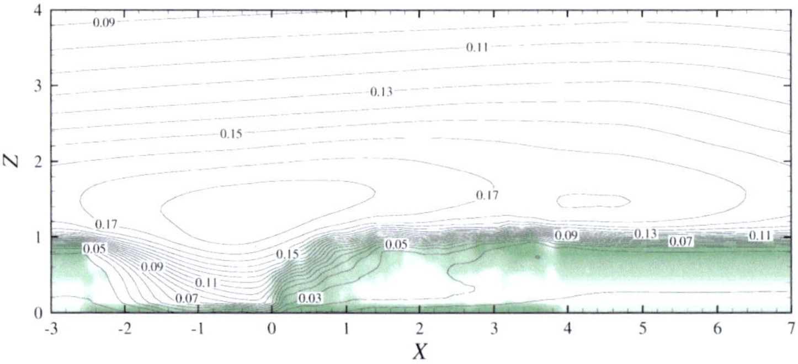

(a) Turbulente kinetische Energie K

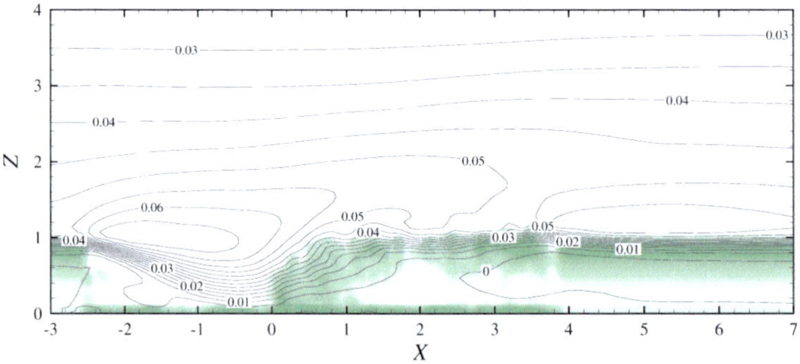

(b) Reynolds-Spannung R_{xz}

Abbildung 4.6: Ergebnisse der Grobstruktursimulation HET: turbulente kinetische Energie und Reynolds-Spannung. Die Normierung erfolgt entsprechend den Gleichungen (4.2), (4.6) und (4.7). Im Hintergrund ist als Schattierung die Blattflächendichte zu sehen.

schicht nach dem Passieren der Waldkante abwärts transportiert werden. Die Stromlinien in Abbildung 4.3a weisen in diesem Bereich bei $Z = 1$ eine leichte Krümmung nach unten auf, was die These im Vergleich zum eher geradlinigen Verlauf in HOM (Abbildung 4.2a) unterstützt.

Weniger gut stimmt die Reynolds-Spannung mit den Messungen im Untersuchungsgebiet überein. Insbesondere auf dem Wildacker führen das in den numerischen Simulationen vorhandene Rezirkulationsgebiet und die damit im Zusammenhang stehende Scherschicht über der Lichtung zu einer deutlichen Abweichung an den Messtürmen T1 und T2 (Abbildung 4.7a und 4.7b). Es liegt demnach die Vermutung nahe, dass es in der Realität nicht auftritt und als Folge der in der Numerik vereinfachten Blattflächendichte entsteht. Innerhalb des Bestandes hingegen ändern sich die Verhältnisse wieder. HOM zeigt bereits am Gittermast T3 den typischen Verlauf der Reynolds-Spannung in einem homogenen Wald ohne Lichtung (REF), möglicherweise eine Folge des relativ hohen Blattflächenindex.

Bei genauerer Betrachtung von Abbildung 4.7c erkennt man unterhalb der Baumkrone einen negativen turbulenten Impulsstrom. Dabei handelt es sich, nach übereinstimmender Meinung von Patton (1997) und Shaw & Schumann (1992), im Rahmen der Referenzsimulation für einen homogenen Wald ohne Lichtung um die Konsequenz des aufgeprägten mesoskaligen Druckgradienten. Der Effekt konnte in entsprechenden Freilandexperimenten bisher nicht nachgewiesen werden (Kaimal & Finnigan, 1994; Shaw et al., 1988). Anders verhält es sich hingegen bei freistehenden Waldkanten. Dort wurde ein negativer Impulsstrom bereits in Windkanaluntersuchungen (Morse et al., 2002; Novak et al., 2000), in numerischen Simulationen (Sogachev et al., 2008) und, erstmals in Dupont et al. (2011), auch in Freilandmessungen dokumentiert. Allerdings zeigt HET am Gittermast T3 noch keinen solchen von der Erdoberfläche weg gerichteten, turbulenten Transport, was auch besser zu den Ergebnissen des Experiments passt. Erst am Hauptmast T4 in Abbildung 4.7d findet man negative Werte für R_{xz} und allgemein eine gute Übereinstimmung zwischen HOM, HET, REF und FIELD.

Bereits in der Vergangenheit wurde oberhalb der Baumkronen hinter einem Lichtung-Wald-Übergang ein Bereich registriert, in welchem vermehrt Böen auftreten. Dupont & Brunet (2008a) verwenden zur Detektion dieser Zone erhöhter Böenintensität (engl. enhanced gust zone) die Schiefe der Geschwindigkeitsfluktuationen in Strömungsrichtung Sk_u. Für HOM, HET und REF liegen am Hauptmast T4 geeignete Zeitreihen zur Berechnung der höheren statistischen Momente vor. Tabelle 4.1 listet die Ergebnisse zusammen mit denen des Freilandexperiments auf. Die berechnete Schiefe in der Referenzsimulation REF stimmt gut mit anderen Arbeiten überein, beispielsweise mit Freilandmessungen und Windkanalergebnissen in Raupach et al. (1996). Allerdings können weder in HOM noch in HET Hinweise auf eine Zone mit erhöhter Böenintensität gefunden werden, die nach Dupont & Brunet (2008a) mit einer Schiefe $Sk_u > 1{,}5$ assoziiert ist. Im Gegenteil, die heterogene Vegetation in HET führt zu einer signifikanten Reduktion von über 50% über dem Bestand, was gut mit den Ergebnissen des Freilandexperiments übereinstimmt. Die Schiefe in HOM, HET und REF ist innerhalb des Bestandes zumeist negativ und erreicht erst darüber positive Werte. In den Freilandmessungen bleibt sie durchweg im positiven Bereich. Insgesamt liegen die numerischen Simulationen bei der Betrachtung der turbulenten kinetischen Energie und der Reynolds-Spannung relativ nah beieinander. Die Auswirkung der kleinräumigen Heterogenität auf die Ergebnisse ist weniger offensichtlich als beispielsweise für den vertikalen Wind. Die Schiefe hingegen lässt einen größeren Einfluss der heterogenen Blattflächendichte auf die statistischen Momente höherer Ordnung vermuten.

z [m]	Z	REF	HOM	HET	FIELD
2	0,067	−0,09	−0,03	−0,08	0,23
10	0,333	−0,06	−0,05	0,02	0,24
20	0,667	−0,05	−0,02	−0,07	0,23
30	1,000	1,15	1,05	0,55	0,79
42	1,400	0,36	0,24	0,30	0,24

Tabelle 4.1: Schiefe der Geschwindigkeitsfluktuationen in Strömungsrichtung Sk_u am Hauptmast T4. Die Normierung erfolgt entsprechend den Gleichungen (4.2) und (4.8).

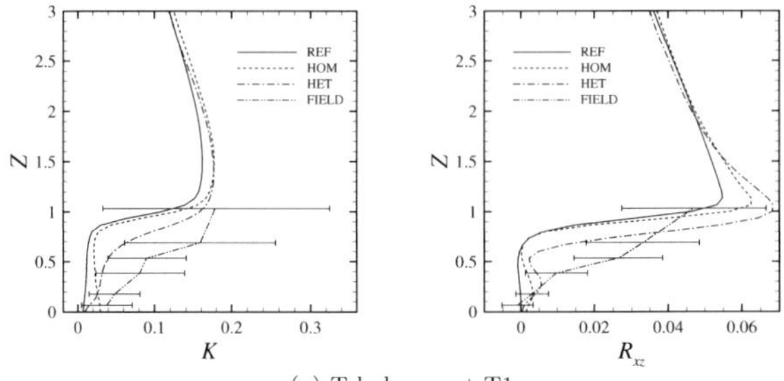

(a) Teleskopmast T1

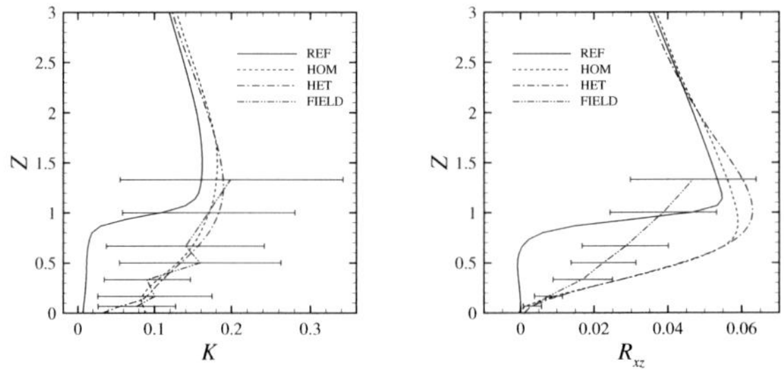

(b) Gittermast T2

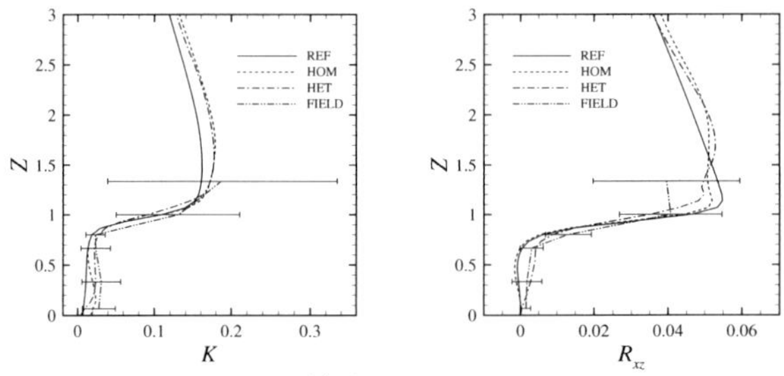

(c) Gittermast T3

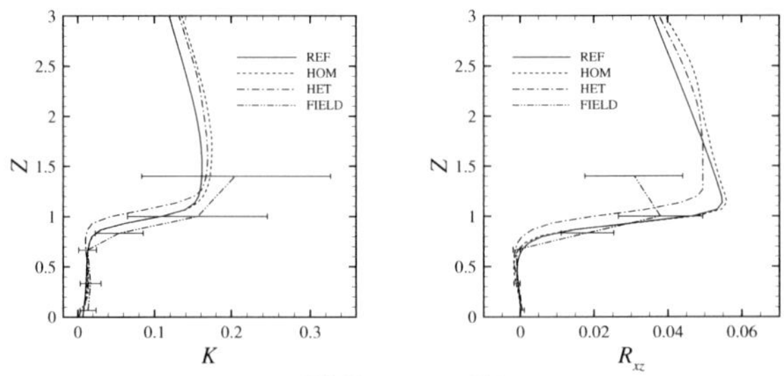

(d) Hauptmast T4

Abbildung 4.7: Vergleich der turbulenten kinetischen Energie und der Reynolds-Spannung zwischen den numerischen Simulationen und dem Freilandexperiment. Die Normierung erfolgt entsprechend den Gleichungen (4.2), (4.6) und (4.7).

4.3 Eine erste Bilanz

Auf der Grundlage der zweidimensionalen heterogenen Blattflächendichte aus Abstraktionsstufe *zwei* sind im Verlauf dieses Kapitels die Ergebnisse einer Grobstruktursimulation vorgestellt worden. Die Vegetation basiert in Teilen des Lösungsgebietes, wenn auch vereinfacht, auf der vorhandenen Realität im Tharandter Wald. Ein Vergleich mit dem aktuellen Stand der Forschung, repräsentiert durch einen homogenen Wald mit und ohne Lichtung aus Abstraktionsstufe *eins*, sowie mit dem von Mai 2008 bis Mai 2009 durchgeführten Freilandexperiment stellt die Auswirkungen auf das turbulente Geschwindigkeitsfeld heraus. Trotz der Mittelung der heterogenen Blattflächendichte in Querrichtung zeigt sich ein interessanter Effekt bei der Betrachtung der mittleren und turbulenten Größen. Insbesondere im Bereich der Lichtung und des Übergangs in den Bestand profitiert die numerische Simulation von der verbesserten Vegetationsverteilung. Allein das kurze Stück realer Vegetation im Anströmbereich beeinflusst die Ergebnisse auf dem Wildacker positiv. Zusätzlich sind im Bestand aufgrund der räumlich variablen Blattflächendichte ständige Auf- und Abwärtsbewegungen in der mittleren Strömung nachweisbar. Diese erreichen eine Größenordnung, die vergleichbar mit den turbulenten Fluktuationen ist, was auf einen beträchtlichen Beitrag zum Energie- und Stoffaustausch des Waldes hindeutet und durch einen homogenen Ansatz nicht erfasst werden kann.

Eine Veröffentlichung der numerischen Studie erfolgte bereits in Schlegel et al. (2012). Jetzt gilt es den nächsten Schritt hin zu einer möglichst realen Darstellung der Vegetation und dementsprechend des turbulenten Windfeldes im Untersuchungsgebiet im Tharandter Wald zu unternehmen. Dazu bedarf es einer dreidimensionalen, heterogenen Blattflächendichte im gesamten Lösungsgebiet. Der Bereich des terrestrischen Laserscannings muss dazu erheblich ausgedehnt werden, besonders im Bereich vor der Lichtung, da die dort vorhandene Vegetation die Struktur der Strömung auf dem Wildacker und die Entwicklung des Rezirkulationsgebietes in der numerischen Simulation maßgeblich beeinflusst. Darüber hinaus ist das Gebiet östlich des Hauptmasts der Anker-Station von Interesse, da bisher für den heterogenen Fall (HET) keine Übergangslänge nach Dupont & Brunet (2008*a*) bestimmt werden konnte. All diese Erkenntnisse sind im Rahmen der Möglichkeiten in Abstraktionsstufe *drei* berücksichtigt. Für das gesamte Lösungsgebiet steht eine räumlich variable, dreidimensionale Blattflächendichte aus der Kombination des „Virtual Canopy Generator“ und des terrestrischen Laserscannings zur Verfügung. Zusätzlich wird das digitale Geländemodell ATKIS® DGM2 im numerischen Gitter berücksichtigt. Die Ergebnisse werden im folgenden Kapitel ausführlich diskutiert.

5 Ergebnisse mit einer dreidimensionalen Blattflächendichte

Im diesem Kapitel werden die Ergebnisse einer Grobstruktursimulation mit heterogener Blattflächendichte vorgestellt, die auf Abstraktionsstufe *drei* basiert. HET-3D, so fortan deren Bezeichnung, beinhaltet zudem das modifizierte digitale Geländemodell aus Abschnitt 3.1.1. Ziel ist es, den kombinierten Einfluss einer realistischen, dreidimensionalen Darstellung der Vegetation und der Topografie auf das turbulente Geschwindigkeitsfeld zu untersuchen und mit den Ergebnissen aus Kapitel 4 zu vergleichen. Die Abmessungen des verwendeten Lösungsgebietes betragen 600 m × 600 m in horizontaler und zwischen 240 m und 264 m in vertikaler Richtung, wobei die Höhenunterschiede aus den vorhandenen Bodenunebenheiten resultieren. Als Bezugslänge dient bekanntermaßen die mittlere Baumhöhe $h_{Ref} = 30\,\mathrm{m}$ im Bereich des Hauptmasts der Anker-Station, in dessen Fußpunkt sich außerdem der Koordinatenursprung befindet. Künftig werden alle Höhenangaben relativ dazu angegeben und die normierten Gebietsabmessungen ergeben sich zu $20\,h_{Ref} \times 20\,h_{Ref} \times 8\,h_{Ref}$. Im Zentrum des Lösungsgebietes befindet sich das Areal mit der aus terrestrischen Laserscans gewonnenen Blattflächendichte. Der umgebende Bestand basiert auf einer statistisch näherungsweise exakten Reproduktion des Tharandter Waldes, die mit Hilfe des „Virtual Canopy Generators“ erzeugt wurde. Für einen besseren Überblick illustriert Abbildung 5.1 nochmals die beiden Bereiche mit den unterschiedlichen Formen der Vegetationsdarstellung, zusammen mit dem verwendeten Koordinatensystem und den wichtigsten Abmessungen.

Die Integration des digitalen Geländemodells am unteren Rand des Lösungsgebietes ruft eine Verzerrung im numerische Gitter hervor, welche es in vertikaler Richtung bis zum flachen oberen Rand auszugleichen gilt. Die als Gittergenerator benutzte Software Ansys Gambit[1] balanciert dazu die Höhenunterschiede über eine leichte Nichtorthogonalität und eine geringfügige Variation der Auflösung sanft aus. Schlussendlich ergeben sich 302 × 300 Kontrollvolumina in der Horizontalen und 120 bis 132 Kontrollvolumina in der Vertikalen, wobei die mittlere Gitterschrittweite in allen drei Raumrichtungen identisch bei zwei Metern liegt. Die orthogonalen Voxelräume aus dem „Virtual Canopy Generator“ und den terrestrischen Laserscans sind folglich nicht deckungsgleich mit dem numerischen Gitter, Letzterer hat zudem eine höhere Auflösung (Abschnitt 3.2.2). Zur Behebung dieses Konfliktes wird die lokale Blattflächendichte, wie bereits in Kapitel 4, aus dem Mittelwert aller Voxel bestimmt, deren Schwerpunkt sich innerhalb der Seitenflächen des betrachteten Kontrollvolumens befindet. Ebenfalls aus den vorangegangenen Grobstruktursimulationen HOM, HET und REF bekannt ist die Justierung des mesoskaligen Druckgradienten am Ende eines jeden Zeitschrittes, um einen konstanten Massenstrom durch den Einströmrand zu gewährleisten. Damit die Vergleichbarkeit untereinander und zu dem Freilandexperiment gegeben ist, wurde der dafür notwendige Richtwert so gewählt, dass sich am Hauptmast T4 in 42 m Höhe eine mittlere Geschwindigkeit von $3 \ldots 4\,\mathrm{ms}^{-1}$ einstellt.

[1] www.ansys.com

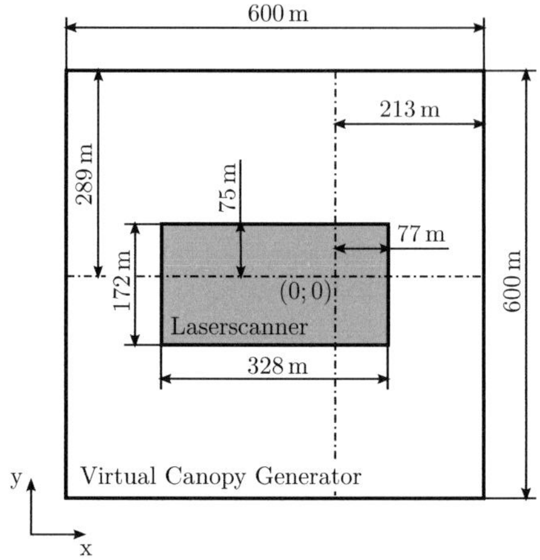

Abbildung 5.1: Skizze der Abmessungen des gewählten Lösungsgebietes und der darin enthaltenen Blattflächendichte. Im grau markierten Bereich wurde der terrestrische Laserscanner eingesetzt und außerhalb der „Virtual Canopy Generator“ von Bohrer et al. (2007). Der Koordinatenursprung befindet sich im Fuß des 42 m hohen Hauptmasts der Anker-Station (T4).

Die Zeitintegration in HET-3D erfolgte über 11 100 s, wobei der Zeitschritt mit $\Delta_t = 0{,}1\,\mathrm{s}$ etwas größer ausfällt als bisher. Die mittlere Courant-Zahl erhöht sich dadurch auf Co $= 0{,}36$. Sie liegt aber innerhalb der durch das Zeitschrittverfahren und den TVD-Begrenzer vorgegebenen Grenze. Eine Einschränkung bei der bisherigen Auswertung der Grobstruktursimulationen betraf die statistischen Momente höherer Ordnung, wie beispielsweise die Schiefe der Geschwindigkeitsfluktuationen. Die dafür notwendigen Zeitreihen standen lediglich an den Positionen der Ultraschallanemometer am Hauptmast T4 zur Verfügung. Um diesen Missstand zu beseitigen, kommt ein Verfahren zum Einsatz, das bereits von Bohrer et al. (2009) und anderen Autoren erfolgreich angewendet worden ist. Dazu speichert man während der letzten 3 600 s der Zeitintegration aller zwei Sekunden die vollständigen Druck- und Geschwindigkeitsfelder ab. Diese 1 800 sogenannten Schnappschüsse bilden die Grundlage für die Berechnung der Mittelwerte, des Reynolds'schen Spannungstensors und der Schiefe der Geschwindigkeitsfluktuationen im gesamten Lösungsgebiet. Dem erhöhten Speicherbedarf und der aufwändigen Nachbearbeitung der numerischen Ergebnisse steht ein reduzierter Aufwand bei der Implementierung in OpenFoam gegenüber sowie die Flexibilität, weitere statistische Größen oder Korrelationen im Nachhinein frei von jeglichen Einschränkungen bestimmen zu können. Zu beachten ist aber, dass wegen der dreidimensionalen heterogenen Blattflächendichte die Absicherung der Statistik durch eine räumlichen Mittelung in y-Richtung entfällt und diese somit ausschließlich auf den vorhandenen Schnappschüssen basiert. Die instantane, gefilterte Geschwindigkeit setzt sich mithin zusammen aus

$$\overline{u}_i = \langle \overline{u}_i \rangle_t + \overline{u}_i', \tag{5.1}$$

mit $\langle \overline{u}_i \rangle_t$ für den zeitlichen Mittelwert und $\overline{u}_i'$ für die Fluktuationen.

	T1	T2	T3	T4
X	−5,47	−3,73	−1,73	0,00
Y	−0,20	−0,20	0,00	0,00

Tabelle 5.1: Position der Messtürme im Lösungsgebiet von HET-3D. Die Normierung der Koordinaten erfolgt entsprechend Gleichung (4.2).

Die bekannten dimensionslosen Variablen werden, wie bereits zuvor, für die Darstellung der Ergebnisse von HET-3D verwendet (Gleichungen 4.2 bis 4.8). Wegen der fehlenden räumlichen Mittelung der statistischen Größen gilt, abweichend zu Kapitel 4, für die mittlere Geschwindigkeit

$$U_i = \frac{\langle \overline{u}_i \rangle_t}{U_{Ref}} \quad \text{und} \quad U_i' = \frac{\overline{u}_i'}{U_{Ref}}, \tag{5.2}$$

für die Komponenten des Reynolds'schen Spannungstensors

$$R_{ij} = -\left\langle U_i' U_j' \right\rangle_t \tag{5.3}$$

und für die aufgelöste turbulente kinetische Energie

$$K = \frac{\langle U_i' U_i' \rangle_t}{2}. \tag{5.4}$$

Die Ausführungen beschränken sich auf den Bereich des Lösungsgebietes, welcher die aus den terrestrischen Laserscans gewonnene Blattflächendichte beinhaltet, weil die sich überlagernden Einflüsse der kleinräumigen Heterogenität der Vegetation und der Topografie eine Vielzahl unterschiedlicher, sehr komplexer Phänomene in der turbulenten Strömung generieren, deren allumfassende Diskussion den Rahmen der vorliegenden Arbeit übersteigt. Für den Vergleich mit dem Freilandexperiment – bekanntermaßen als FIELD abgekürzt – sind in den Diagrammen als Referenz zusätzlich die Resultate der Grobstruktursimulation HET aus dem vorherigen Kapitel enthalten. Die normierten Koordinaten der Messtürme T1 bis T4 im Lösungsgebiet von HET-3D sind in Tabelle 5.1 aufgelistet.

Eine Ergänzung zum Freilandexperiment sei an dieser Stelle noch angebracht. Die in Kapitel 4 verwendeten Ergebnisse stammen aus dem Jahre 2010 und entsprechen denen in der Veröffentlichung von Schlegel et al. (2012). Seitdem fanden hinsichtlich der Aufarbeitung der gewonnenen Rohdaten ebenfalls Weiterentwicklungen statt, sodass im folgenden Kapitel die aktuellsten Daten aus dem Jahre 2013 zum Vergleich mit den numerischen Simulationen verwendet werden (Queck, 2013). Bei genauer Betrachtung bemerkt man durchaus einige Unterschiede zwischen den Datensätzen von 2010 und 2013, obwohl sich am eigentlichen Ablauf der Auswertung wenig verändert hat (Abschnitt 3.1.3). Die gemessenen Zeitreihen werden zunächst zu Mittelwerten über halbstündige Intervalle zusammengefasst, wonach eine Filterung anhand verschiedener Kriterien erfolgt. Auf eine etwaige Veränderung hierbei reagieren die Ergebnisse indes sehr sensibel, besonders die turbulenten Größen an den Messpunkten oberhalb des Bestandes. Im Anschluss mittelt man die verbleibenden Halbstundenmittelwerte erneut und bestimmt die Standardabweichung, welche als statistische Messunsicherheit in den Diagrammen aufgetragen ist. Deren zum Teil recht hohe Werte sind ein weiteres Anzeichen dafür, dass die Auswertung des Freilandexperiments einen kritischen Punkt darstellt und beim Vergleich mit den numerischen Ergebnissen berücksichtigt werden muss.

5.1 Der Einfluss der Heterogenität auf die mittlere Strömung

Für einen Einblick in den wesentlichen Charakter der mittleren Strömung werden zuerst die Komponenten des Geschwindigkeitsvektors in verschiedenen Schnitten durch das Lösungsgebiet betrachtet. Abbildung 5.2 zeigt eine vertikale Ebene bei $Y = 0$, deren Auswahl mehrere Vorteile hat: Einerseits verläuft sie entlang des Transekts mit den vier Messtürmen und gibt damit Auskunft über das dazwischen stattfindende Geschehen; andererseits schneidet sie mittig durch den 30 m breiten Streifen, auf dem die gemittelte heterogene Blattflächendichte aus Abstraktionsstufe *zwei* beruht, und ermöglicht dadurch eine Vergleichbarkeit zwischen HET-3D und HET.

Die Gegenüberstellung der mittleren Geschwindigkeit in Strömungsrichtung in den Abbildungen 5.2a und 4.3b offenbart sogleich eine grundsätzliche Ähnlichkeit zwischen den beiden Grobstruktursimulationen, denn über die luvwärtige Waldkante hinweg nimmt U rasch ab und erreicht innerhalb des Bestandes niedrige Werte von $U \leq 0{,}2$. Interessant ist die gegenüberliegende Seite des Wildackers, wo sich in HET ein homogener Wald befand. In HET-3D wurde dieser Bereich ebenfalls durch den terrestrischen Laserscanner erfasst. Die mittlere Strömung erreicht hier lediglich zehn Prozent der Referenzgeschwindigkeit über dem Bestand und kommt teilweise fast zum Erliegen. Wie bereits zuvor in HET und HOM bildet sich ein bodennahes Rezirkulationsgebiet aus. Es beginnt innerhalb der Vegetation bei $X = -7{,}2$ und erstreckt sich über den angrenzenden Wildacker bis vor die luvwärtige Waldkante bei $X = -4$, wie aus der Kontur für $U = 0$ in Abbildung 5.2a ersichtlich ist. Vergleicht man U_{min} zwischen den beiden Grobstruktursimulationen in Tabelle 5.2, so stellt sich heraus, dass das Rezirkulationsgebiet außerdem an Intensität zugenommen und sich die Rückströmung gegenüber HET fast verdoppelt hat.

Eine weitere Besonderheit von HET-3D fällt bei genauerer Betrachtung der Querströmungskomponente V in Tabelle 5.2 auf. Deren Größenordnung erhöht sich wesentlich im Vergleich zu HET und übersteigt in der Spitze sogar den vertikalen Wind W. Die Ursache liegt einerseits in der dreidimensionalen Gestalt des Wildackers und seiner geneigt zur Hauptwindrichtung verlaufenden Waldkante. Die daraus resultierende Seitwärtsbewegung in der mittleren Strömung bestimmt den Maximalwert, welcher im Nordosten der Lichtung auftritt. Der Minimalwert hingegen tritt weiter stromab innerhalb des Bestandes auf. Es ist wahrscheinlich, dass an dieser Stelle die Topografie zum Tragen kommt und gemeinsam mit der Vegetation eine seitliche Drift bewirkt. Dieses Verhalten der mittleren Strömung lässt sich weder mit der homogenen (HOM) noch mit der heterogenen Blattflächendichte aus Abstraktionsstufe *zwei* (HET) reproduzieren, da diese dort in y-Richtung konstant ist

Simulation	U_{min}	U_{max}	V_{min}	V_{max}	W_{min}	W_{max}
HET	−0,125	2,318	−0,024	0,015	−0,073	0,081
HET-3D	−0,213	2,398	−0,229	0,293	−0,131	0,078

Tabelle 5.2: Vergleich der Minima und Maxima der Geschwindigkeitskomponenten in den Grobstruktursimulationen HET und HET-3D. Die Angaben für Letztere beschränken sich auf den Bereich des Lösungsgebietes mit der aus den terrestrischen Laserscans abgeleiteten Blattflächendichte. Die Geschwindigkeit in Strömungsrichtung erreicht ihr Maximum U_{max} immer am oberen Rand des Lösungsgebietes und wird lediglich der Vollständigkeit halber angegeben. Die Normierung erfolgt entsprechend Gleichung 5.2.

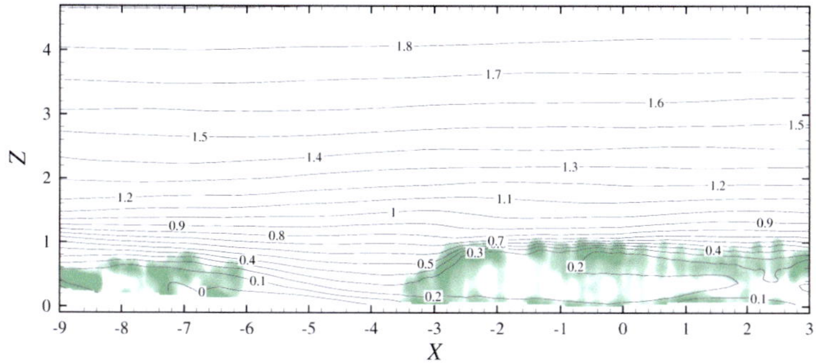

(a) Geschwindigkeitskomponente U in Strömungsrichtung

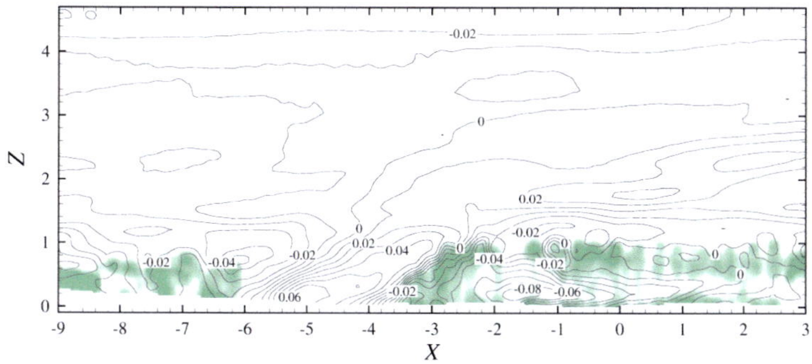

(b) Geschwindigkeitskomponente V in Querrichtung

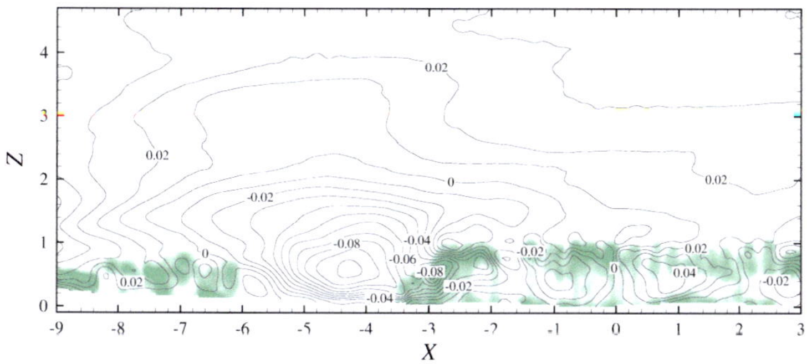

(c) Geschwindigkeitskomponente W in vertikaler Richtung

Abbildung 5.2: Komponenten der mittleren Geschwindigkeit der Grobstruktursimulation HET-3D in einem vertikalen Schnitt bei $Y = 0$. Die Normierung erfolgt entsprechend den Gleichungen (4.2) und (5.2). Im Hintergrund ist als Schattierung die Blattflächendichte zu sehen.

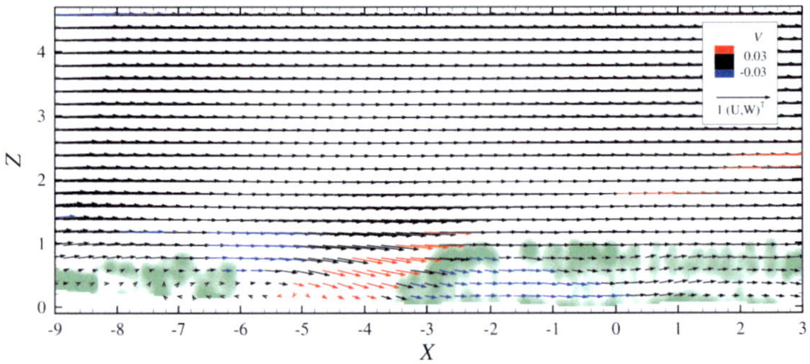

Abbildung 5.3: Ergebnisse der Grobstruktursimulation HET-3D: Vektoren $(U, W)^{\mathrm{T}}$ der mittleren Geschwindigkeit in einem vertikalen Schnitt bei $Y = 0$. Die Farbe der Vektoren kennzeichnet die Querkomponente V der Geschwindigkeit. Die Normierung erfolgt entsprechend den Gleichungen (4.2) und (5.2). Im Hintergrund ist als Schattierung die Blattflächendichte zu sehen.

und der Boden eben. Abbildung 5.2b zeigt V entlang des Transekts. Am leewärtigen Ende des Wildackers entwickelt sich oberhalb des Rezirkulationsgebietes eine südliche Strömung (negativ) und an der gegenüberliegenden Seite eine nördliche (positiv), die bis zum Boden hinab reicht und am Übergang in den Bestand nachlässt. Um den Grund zu finden, bietet sich beispielsweise ein Blick auf das Orthofoto ATKIS®-DOP in Abbildung 3.2a an. Es enthüllt einen möglichen Zusammenhang zwischen dem Verlauf der Waldkante in y-Richtung und der auftretenden südlichen bzw. nördlichen Drift. Im Bereich von $-3 \leq X \leq 0$ findet im Bestand sogar eine entsprechende Gegenbewegung statt, um den entstandenen Freiraum zu füllen. Weiter stromab verschwindet V hingegen fast vollständig, was aber nur innerhalb der betrachteten Schnittebene gilt und keine generelle Aussage darstellt.

Bereits in Kapitel 4 hat die vertikale Geschwindigkeitskomponente W die Aufmerksamkeit auf sich gezogen. Im Gegensatz zu einem homogenen Wald (HOM) verschwand W nach dem Passieren des Lichtung-Wald-Übergangs zunächst nicht, sondern erst mit dem Erreichen des als homogen angenommenen Bereiches in HET. Abbildung 5.2c zeigt die vertikale Geschwindigkeitskomponente in HET-3D entlang des Transekts bei $Y = 0$. Auffällig ist ein starker, abwärts gerichteter vertikaler Wind über der Lichtung, der bis weit in die Rauigkeitsunterschicht ($Z \approx 2{,}4$) hinauf reicht und damit frische, impulsreiche Luft aus der atmosphärischen Grenzschicht von oben an den Bestand heranführt. Stromab bestätigt sich dann die Vermutung aus dem vorangegangenen Kapitel, denn W verschwindet nicht, sondern bleibt in einer Größenordnung von bis zu vier Prozent der Referenzgeschwindigkeit mit einem ständig wechselnden Vorzeichen bestehen. Folgt man dem Kriterium von Dupont & Brunet (2008*a*) für einen verschwindenden vertikalen Wind $W \leq 0{,}01$ auf Höhe der Baumkronen bei $Z = 1$, so scheint die Strömung keinen definierten Gleichgewichtszustand zu erreichen, sondern die kleinräumige Heterogenität der Vegetation sorgt für eine stetig wechselnde Rauigkeit des Untergrunds und zwingt die Strömung dazu, sich unablässig neu anzupassen.

Um ein tieferes Verständnis für die mittlere Strömung zu bekommen, zeigt Abbildung 5.3 die Geschwindigkeitsvektoren $(U, W)^{\mathrm{T}}$ in der Schnittebene $Y = 0$. Die Farbgebung beinhaltet eine qualitative Aussage über die laterale Komponente, indem anhand eines

Schwellwerts von $V = \pm 0{,}03$ diejenigen Regionen in Rot und Blau hervorgehoben werden, welche eine positive bzw. negative Querströmung enthalten. Die Richtung der Geschwindigkeitsvektoren deutet bereits ab $X \approx -8$ an, dass die Strömung frühzeitig mit einer aufwärts gerichteten Ausweichbewegung auf die höhere Blattflächendichte entlang der leewärtigen Waldkante und die Verdrängungswirkung des Rezirkulationsgebietes reagiert. Infolgedessen tritt die Strömung am gegenüberliegenden, luvwärtigen Ende des Wildackers von oben herab in den Bestand ein. Das entspricht den Beobachtungen von Frank & Ruck (2008), die in ihrer numerischen Studie eine Dominanz des Rezirkulationsgebietes für Lichtungen mit einer relativen Länge von weniger als $5\,h_{Ref}$ diagnostizieren. Die Abwärtsbewegung besteht bis $X = -2$ fort, von wo an der vertikale Wind gelegentlich seine Richtung ändert. Ein Maß für die Stärke der Umlenkung im Bereich des luvwärtigen Übergangs in den Bestand ist der Ablenkungswinkel, welcher an der Stelle der höchsten vertikalen Geschwindigkeit als Winkel zwischen dem Windvektor $\mathbf{U}$ und der Horizontalen bestimmt wird (Irvine et al., 1997). Entlang der Waldkante variiert er zwischen $11°$ und $23°$. Sein Mittelwert beträgt $17°$ und erreicht damit etwas größere Werte als zuvor in HET mit $8°$. Im Vergleich zu der Grobstruktursimulation mit einem homogenen Wald und einer scharfen Waldkante (HOM, $41°$) ist er aber weiterhin wesentlich niedriger. Das legt den Schluss nahe, dass die Natur tatsächlich danach strebt, einen möglichst sanften Übergang von der Lichtung in den Bestand zu gewährleisten.

Nachdem bisher ausschließlich die mittlere Strömung in einer vertikalen Ebene entlang des Transekts betrachtet wurde, ist es an der Zeit für einen horizontalen Schnitt durch das Lösungsgebiet. Die kleinräumige Heterogenität der Vegetation und gegebenenfalls die Topografie kommen im Stammraum am besten zum Geltung, wenngleich die Geschwindigkeit hier betragsmäßig kleiner ausfällt als über den Baumwipfeln. Die Wahl fällt auf eine Schnittebene bei $Z = 0{,}3$. Die Abbildung 5.4a zeigt die dazugehörigen Geschwindigkeitsvektoren $(U, V)^{\mathrm{T}}$ mit einer farblich markierten vertikalen Komponente W. Die Abbildung 5.4b enthält die Konturen von W, um eine Quantifizierung zu ermöglichen. Bevor mit der Diskussion der Besonderheiten der Strömung begonnen wird, soll der Blick des Lesers auf die im Hintergrund als Schattierung dargestellte Blattflächendichte gelenkt werden. Sie demonstriert die Fähigkeiten des terrestrischen Laserscanners für die Vegetationserfassung. Trotz der verhältnismäßig groben Auflösung von zwei Metern lassen sich die einzelnen Bäume klar voneinander unterscheiden, selbst wenn sie von Buschwerk umgeben sind. Die Kastanienreihe rings um den Wildacker zeichnet sich durch eine tief hinunter reichende, dicht belaubte Baumkrone aus und ist außerdem etwas niedriger als der umgebende Wald. Dieser Umstand wird durch die lokale Blattflächendichte ebenfalls widergespiegelt. Die Geschwindigkeitsvektoren in Abbildung 5.4a illustrieren die Dreidimensionalität und die damit verbundene Komplexität der Strömung im Bestand. Die häufigen Richtungsänderungen in der horizontalen Ebene, assoziiert mit wechselnden Auf- und Abwärtsbewegungen, resultieren aus den lokalen Unterschieden in der Dichte der Vegetation, aber ebenso aus den vorhandenen Bodenunebenheiten. Am westlichen Rand, im Bereich von $-9 \leq X \leq -8$, reagiert die Strömung mit einer südlichen Ausweichbewegung auf den dort befindlichen Hügel. Ab $X = -8$ hingegen nimmt die Strömung auf die stromab dichtere Vegetation am Übergang zum Wildacker Rücksicht, indem die Geschwindigkeit abfällt und eine Richtungsänderung erfolgt, bis sie am Ende fast parallel zur Waldkante verläuft.

Betrachtet man den Wald-Lichtung-Übergang genauer, so bergen die Farbe der Geschwindigkeitsvektoren und der Betrag von W in Abbildung 5.4b ebenfalls einen Hinweis auf das Rezirkulationsgebiet. Um einen Eindruck über dessen Abmessungen zu bekommen, stellt Abbildung 5.5 die auf den Boden projizierte Kontur desjenigen Bereiches dar, welcher

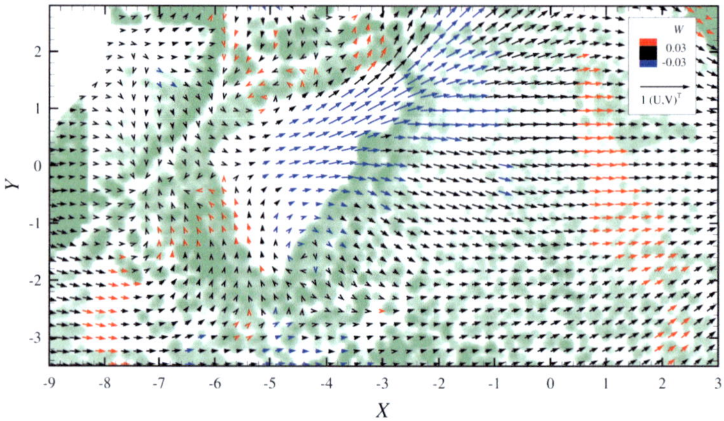

(a) Vektoren $(U, V)^{\mathrm{T}}$ der Geschwindigkeit

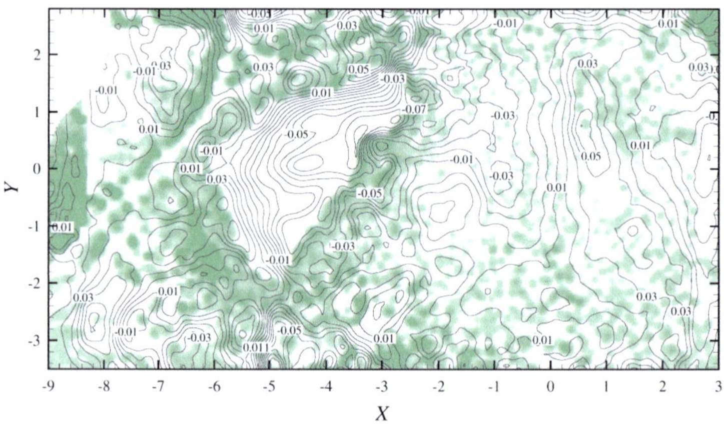

(b) Vertikale Komponente W der Geschwindigkeit

Abbildung 5.4: Ergebnisse der Grobstruktursimulation HET-3D: Vektoren und vertikale Komponente der mittleren Geschwindigkeit in einem horizontalen Schnitt bei $Z = 0{,}3$. Die Farbe der Vektoren kennzeichnet die vertikale Komponente W der Geschwindigkeit. Die Normierung erfolgt entsprechend den Gleichungen (4.2) und (5.2). Im Hintergrund ist als Schattierung die Blattflächendichte zu sehen.

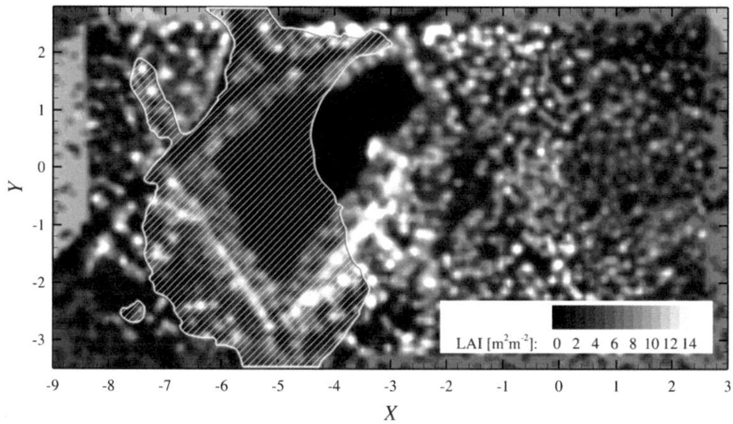

Abbildung 5.5: Darstellung der auf den Boden projizierten Kontur des Rezirkulationsgebietes in der Grobstruktursimulation HET-3D (schraffierter Bereich). Im Hintergrund ist der Blattflächenindex LAI für eine Grundfläche von $4\,\mathrm{m}^2$ zu sehen.

durch $U < 0$ charakterisiert ist. Seine Höhe ist mit einer maximalen Ausdehnung von $Z \approx 0{,}51$ auf den Stammraum beschränkt. Das Rezirkulationsgebiet überspannt weite Teile der Lichtung und des angrenzenden Bestandes im Westen, Süden und Norden, wo es sich entlang der Waldwege erstreckt. Die maximale Rückströmung von $U_{min} = -0{,}213$ wird in der südlichsten Ecke des Wildackers erreicht. Den Teil im Nordosten erfasst es hingegen nicht, was die Strömung zum Anlass nimmt, durch eine starke Beschleunigung gemeinsam mit einem abwärts gerichteten vertikalen Wind den entstandenen Freiraum zu füllen (Abbildung 5.4). Dabei orientiert sie sich entlang der luvwärtigen Waldkante und versucht den höheren aerodynamischen Widerstand, welcher durch die dichtere Vegetation verursacht wird, zu vermeiden. Das gelingt ihr bis zum Ende der Lichtung, wo sie im äußersten Nordosten schließlich in den Bestand eintritt und entlang des Waldweges den dargestellten Ausschnitt verlässt.

In Abbildung 5.4a finden sich noch zwei weitere markante Bereiche, die jeweils durch einen stärkeren, aufwärts gerichteten vertikalen Wind gekennzeichnet sind. Der erste befindet sich zwischen $-8{,}5 \leq X \leq -7{,}2$ und $-3{,}5 \leq Y \leq -1{,}5$. Hierbei handelt es sich um eine größere freie Fläche mit vereinzelten, kleineren Bäumen und einem Waldweg, wodurch die schnellere Strömung oberhalb des Bestandes eine Sogwirkung verursacht. Der zweite Bereich befindet sich stromab der Lichtung zwischen $0{,}5 \leq X \leq 2{,}5$ und $-3{,}5 \leq Y \leq 2$. Die großflächige rote Einfärbung der Geschwindigkeitsvektoren ist jedoch irreführend, da sich W zumeist nur wenig oberhalb des Schwellwertes von 0,03 bewegt. Lediglich in einem kleinen Gebiet zwischen $0{,}4 \leq X \leq 0{,}8$ und $0{,}2 \leq Y \leq 1$ sind stärkere vertikale Winde zu beobachten, die ebenfalls mit größeren Baumlücken im Bestand zusammenhängen (Abbildung 3.2a). In der näheren Umgebung, stromab von $X = 1$, wirken sich die tiefen Gräben im Norden und Süden der Anker-Station aus und beeinflussen die Strömung dergestalt, dass sie sich stärker zur Mitte des Lösungsgebietes orientiert. Oberhalb des Bestandes geht

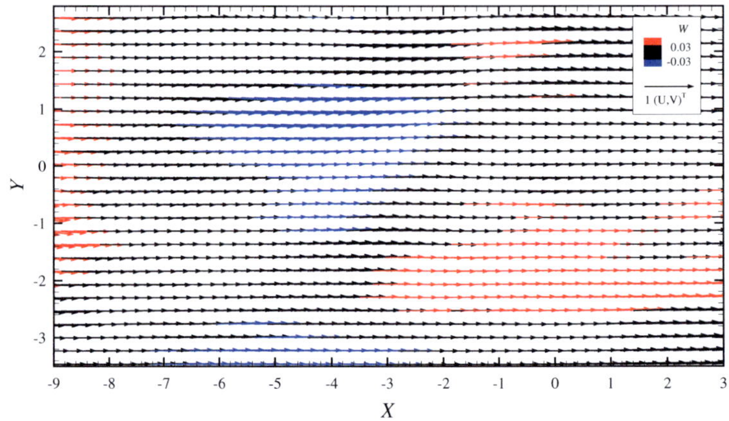

Abbildung 5.6: Ergebnisse der Grobstruktursimulation HET-3D: Vektoren $(U,V)^{\mathrm{T}}$ der mittleren Geschwindigkeit in einem horizontalen Schnitt bei $Z = 1{,}3$. Die Farbe der Vektoren kennzeichnet die vertikale Komponente W der Geschwindigkeit. Die Normierung erfolgt entsprechend den Gleichungen (4.2) und (5.2). Im Hintergrund ist als Schattierung die Blattflächendichte zu sehen.

der unmittelbare Einfluss der kleinräumigen Heterogenität der Vegetation und der Topografie rasch zurück. Betrachtet man beispielsweise einen horizontalen Schnitt bei $Z = 1{,}3$ knapp über den Baumkronen, so sind die Geschwindigkeitsvektoren bereits überwiegend entlang der Hauptwindrichtung ausgerichtet (Abbildung 5.6). Am stärksten spürbar sind die Auswirkungen der großräumigen Inhomogenitäten. Über dem Wildacker erreicht der vertikale Wind eine Größenordnung von bis zu neun Prozent der Referenzgeschwindigkeit, während er sich über dem restlichen Bestand im Bereich von drei Prozent bewegt.

Abbildung 5.7 vergleicht die mittlere Geschwindigkeit in Strömungsrichtung U an den Positionen der vier Messtürme entlang des Transekts zwischen HET-3D, HET und dem Freilandexperiment FIELD (Queck, 2013). Der Teleskopmast T1 befindet sich unmittelbar hinter der leewärtigen Waldkante auf dem Wildacker (Abbildung 5.7a). In HET-3D erkennt man bereits erste Anzeichen für das charakteristische logarithmische Windprofil in der Prandtl-Schicht (Gleichung 1.1), was sehr gut mit den Ergebnissen von FIELD übereinstimmt. Der Anpassungsprozess an den neuen Untergrund beginnt scheinbar direkt, nachdem die Strömung den Bestand verlassen hat, während HET zunächst die für den Wald typische s-Form beibehält. Die qualitative Verbesserung in Bezug auf das Freilandexperiment geht auf die weiterentwickelte Darstellung der Vegetation in Abstraktionsstufe *drei* zurück, deren Einfluss für $Z \leq 0{,}3$ besonders gut sichtbar ist, denn HET-3D weist in Übereinstimmung mit FIELD eine bodennahe, rückwärts gerichtete Strömung auf. Die Position des Rezirkulationsgebietes im Bereich des Übergangs zwischen dem leeseitigem Bestand und dem Wildacker befindet sich im Einklang mit der Realität des Freilands. In HET tritt es erst stromab des Teleskopmasts T1 in Erscheinung, weswegen man dort keinerlei Anzeichen dafür findet. Insgesamt stützen die aktuellen Ergebnisse die in Kapitel 4 aufgestellte Hypothese, gemäß derer die Darstellung der Vegetation stromauf der Lichtung einen maßgeblichen Einfluss auf die dortigen Verhältnisse hat. Oberhalb von $Z = 0{,}6$ überschätzt HET-3D die Geschwindigkeit im Rahmen der Messunsicherheiten, aber für $Z \geq 1$ verschwinden sukzessive die Unterschiede zwischen den zwei Grobstruktursimulationen. Das gilt ebenso für den Gittermast T2, den in Abbildung 5.7b gezeigten zweiten Messturm auf der Lichtung, welcher sich unmittelbar vor der luvwärtigen Waldkante befindet. In beiden Grobstruktursimulationen ist die für den Wald typische s-Form verschwunden und eine klare Tendenz zum logarithmischen Windprofil der Prandtl-Schicht ist erkennbar. Der qualitative Vergleich mit dem Freilandexperiment fällt für HET-3D und HET gleichermaßen gut aus. Im Gegensatz zu den Ergebnissen des Teleskopmasts T1 macht sich nunmehr in HET das auf der Lichtung vorhandene Rezirkulationsgebiet bemerkbar, findet aber keine Bestätigung durch FIELD. Interessanterweise ist für $Z \geq 0{,}6$ zwischenzeitlich die quantitative Übereinstimmung mit dem Freilandexperiment besser, während HET-3D in dieser Höhe für U etwas zu hohe Werte vorhersagt.

Der nächste Messturm, Gittermast T3 in Abbildung 5.7c, befindet sich innerhalb des Bestandes. Der qualitative Verlauf der mittleren Geschwindigkeit mit der Höhe passt für beide Grobstruktursimulationen sehr gut mit FIELD zusammen. HET-3D nutzt besonders im Stammraum die Vorteile der dreidimensionalen heterogenen Blattflächendichte aus Abstraktionsstufe *drei* und überschätzt U weniger stark als HET, womit sich die berechneten Ergebnisse meist innerhalb der statistischen Messunsicherheiten befinden. In allen drei Profilen deutet sich übereinstimmend ein sekundäres Windmaximum in der Nähe von $Z \approx 0{,}2$ an, wie man es für hohe Bestände mit einem lichten Unterwuchs erwartet (Shaw, 1977). Im Kronenraum und unmittelbar oberhalb des Bestandes sind die durch HET-3D berechneten Werte etwas zu hoch, aber die Ähnlichkeit zum Freilandexperiment bewegt sich insgesamt auf einem hohen Niveau. Tiefer im Bestand befindet sich der 42 m hohe Hauptmast T4 der Anker-Station. In Abbildung 5.7d zeigt sich im Stammraum für $Z \leq 0{,}5$ eine bemerkenswert gute quantitative Übereinstimmung zwischen HET-3D und FIELD, die im Kronenraum allerdings etwas nachlässt. Das Geschwindigkeitsprofil weist den typisch s-förmigen Verlauf auf, mit einem ausgeprägten sekundären Windmaximum bei $Z \approx 0{,}2$. Die Ergebnisse von HET sind aber allenfalls geringfügig schlechter und befinden sich überwiegend im durch die statistischen Messunsicherheiten vorgegebenen Rahmen. Wie bereits zuvor über der Lichtung verschwinden die Unterschiede zwischen den zwei Grobstruktursimulationen HET-3D und HET oberhalb der Referenzhöhe an den beiden Messtürmen im Bestand.

Der Energie- und Stoffaustausch von Wäldern mit der atmosphärischen Grenzschicht wird – unter der Voraussetzung einer neutralen Schichtung – zu großen Teilen von den turbulenten vertikalen Strömen für Impuls, Wärme und Wasserdampf bestimmt. Die Ergebnisse für einen homogenen Wald in Abbildung 4.2 und 4.5 bestätigen das eindrucksvoll. Beide Grobstruktursimulationen mit einer heterogenen Blattflächendichte legen indes den Schluss nahe, dass der mittlere vertikale Wind ebenfalls einen Beitrag liefert, da er im Bestand nicht vollständig verschwindet (Abbildungen 5.2c und 4.3c). Gemessen wird der Windvektor $\mathbf{U}$ heutzutage mittels Ultraschallanemometer. Die Messgeräte sind normalerweise dafür konzipiert, die Windgeschwindigkeit bei einer verschwindenden vertikalen Komponente zu ermitteln (Kochendorfer et al., 2012). Verwendet man sie außerhalb der Spezifikationen, so zeigen sie eine erhebliche Sensitivität gegenüber dem Anstellwinkel und der horizontalen Windrichtung. Hinzu kommt, dass W vom Betrag her üblicherweise mindestens eine Größenordnung kleiner ist als U. In der Folge haben kleinste Ungenauigkeiten bei der horizontalen Ausrichtung des Instruments einen erheblichen Einfluss auf die Messungen.

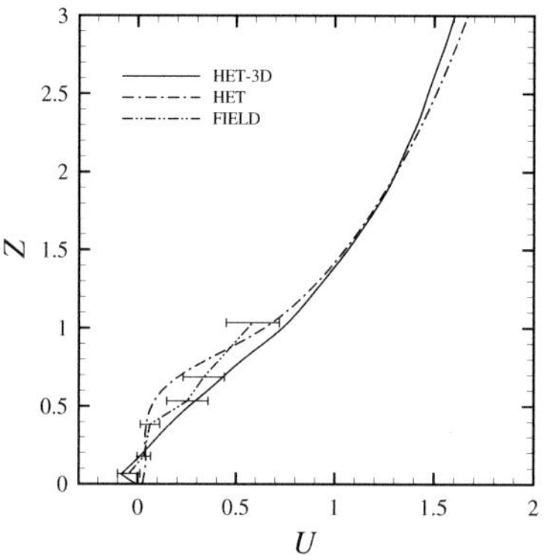

(a) Teleskopmast T1

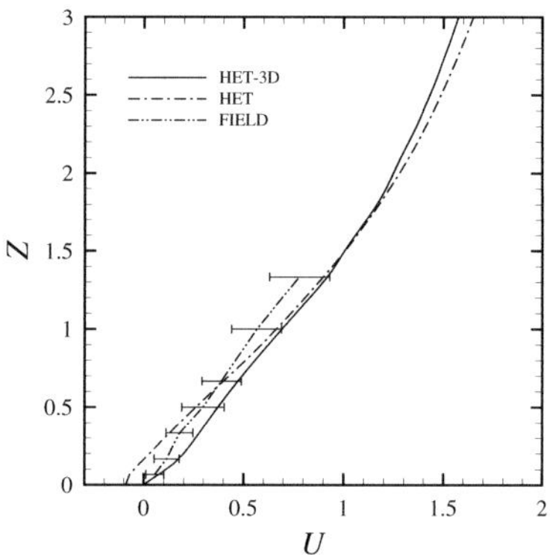

(b) Gittermast T2

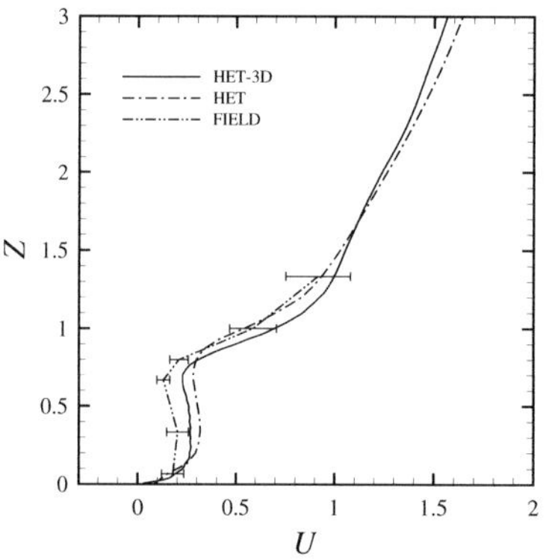

(c) Gittermast T3

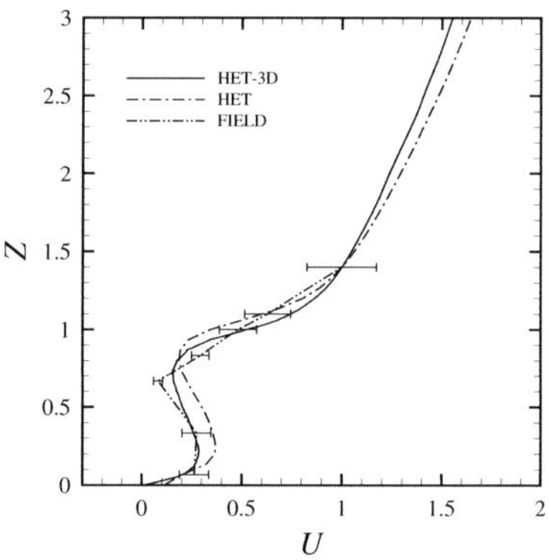

(d) Hauptmast T4

Abbildung 5.7: Vergleich der Komponente der mittleren Geschwindigkeit in Strömungsrichtung U zwischen den numerischen Simulationen und dem Freilandexperiment. Die Normierung erfolgt entsprechend den Gleichungen (4.2), (4.3) und (5.2).

Kochendorfer et al. (2012) haben den Messfehler in einem eigens dafür konzipierten Freilandexperiment erforscht, wobei unter anderem auch ein Ultraschallanemometer vom Typ 81000V der Firma R.M. Young untersucht wurde. Der gleiche Gerätetyp kam während der TurbEFA-Messkampagne zum Einsatz. Er soll, durch die Bauart bedingt, den vertikalen Wind um bis zu 12% unterschätzen. Die von den Autoren ermittelte Abweichung bei der Berechnung der turbulenten Ströme beträgt zwischen 10% und 15%. Allerdings wirft das Experiment einige Fragen auf, die derzeit in der meteorologischen Gemeinschaft intensiv diskutiert werden (Kochendorfer et al., 2013; Mauder, 2013).

Mit diesen Gedanken im Hinterkopf wagt der Autor der vorliegenden Arbeit in Abbildung 5.8 die Gegenüberstellung der vertikalen Geschwindigkeitskomponente W zwischen den beiden Grobstruktursimulationen mit einer heterogenen Blattflächendichte und FIELD. Bereits am Teleskopmast T1 zeigen sich die Vorteile von HET-3D, welche zunächst in Bodennähe einen aufwärts, darüber aber einen abwärts gerichteten vertikalen Wind vorhersagt. In HET hingegen ist er bis $Z = 0{,}8$ durchweg positiv und erreicht in der Spitze bis zu acht Prozent der Referenzgeschwindigkeit. Danach verharrt er bei negativen Werten, wohingegen er in HET-3D ab dem Doppelten der Referenzhöhe verschwindet. Die qualitative Übereinstimmung von HET-3D mit dem Freilandexperiment ist sehr gut. Quantitativ betrachtet sind die vorhergesagten Geschwindigkeiten bis $Z \approx 0{,}6$ etwas zu niedrig und darüber zu hoch, befinden sich aber im Gegensatz zu HET stets innerhalb der statistischen Messunsicherheiten. Am zweiten Messturm T2 kann man für die beiden Grobstruktursimulationen und das Freilandexperiment bis $Z = 1{,}3$ weder signifikante qualitative noch quantitative Abweichungen voneinander feststellen. Das auf der Lichtung vorhandene Rezirkulationsgebiet bedingt vor der luvwärtigen Waldkante einen durchweg negativen vertikalen Wind. Sein Maximum erreicht er mit sieben Prozent der Referenzgeschwindigkeit in einer Höhe von $Z \approx 0{,}65$. Erst für $Z \geq 1{,}3$ sind größere Unterschiede erkennbar. Während W in HET-3D stetig weiter zurückgeht und am oberen Ende der Rauigkeitsunterschicht verschwindet, bleibt W in HET über deren gesamte Höhe erhalten und nimmt lediglich langsam ab.

Erwartungsgemäß reduziert sich im Bestand der vertikale Wind aufgrund des aerodynamischen Widerstands der Vegetation. In beiden Grobstruktursimulationen schwankt er zwischen $\pm 2\%$ der Referenzgeschwindigkeit und befindet sich damit meistens innerhalb der statistischen Messunsicherheiten. Die vorhandenen Ausreißer am Gittermast T3 und am Hauptmast T4 sind schwierig zu interpretieren. Es besteht durchaus die Möglichkeit, dass sie durch die Vegetation verursacht werden, aber mit hoher Wahrscheinlichkeit gehen sie auf die genannten Probleme bei der Messung zurück. Oberhalb des Bestandes kehren sich die Verhältnisse zwischen den beiden Grobstruktursimulationen um, indem jetzt HET gen Null strebt und HET-3D eher positive Werte für W prognostiziert.

5.2 Der Einfluss der Heterogenität auf die Turbulenz

Der folgende Abschnitt widmet sich dem Einfluss der dreidimensionalen heterogenen Blattflächendichte und der Topografie auf die turbulenten Größen des Geschwindigkeitsfeldes. Im späteren Verlauf wird wiederum der Vergleich zum Freilandexperiment hergestellt (Queck, 2013). Abbildung 5.9 zeigt die Kontur der turbulenten kinetischen Energie K für den vertikalen Schnitt durch das Lösungsgebiet bei $Y = 0$ und für den horizontalen Schnitt bei $Z = 0{,}3$. Wie bereits in den Ergebnissen von HOM und HET zeichnet sich über der Lichtung ein Bereich mit erhöhter turbulenter kinetischer Energie ab. Er erreicht eine vertikale Ausdehnung von $Z \approx 1{,}8$ und erstreckt sich, ausgehend vom leewärtigen

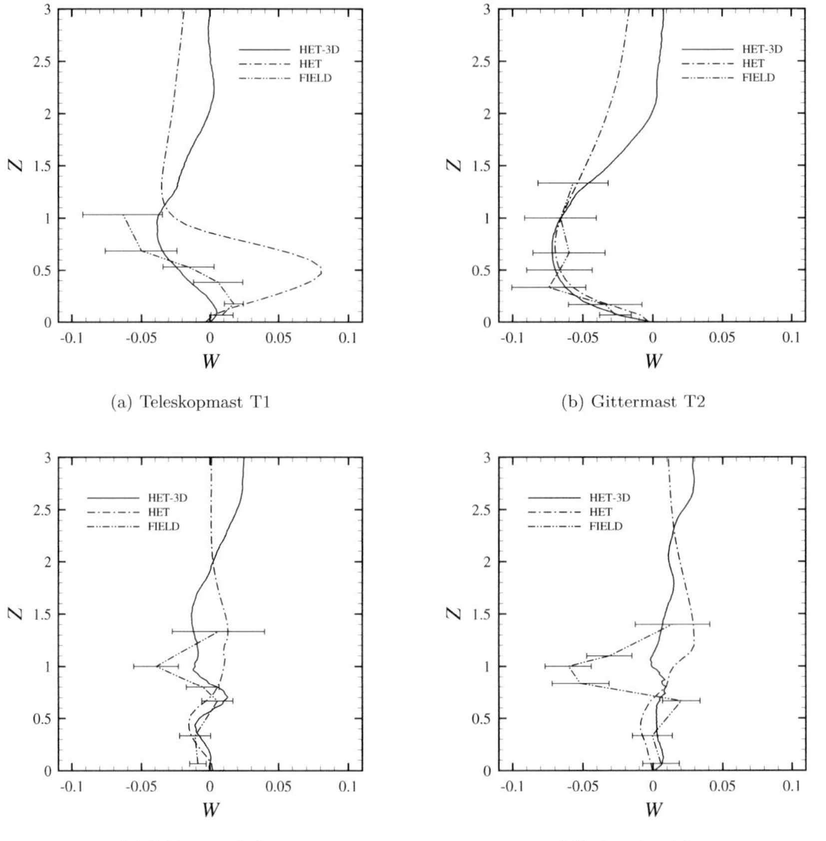

(a) Teleskopmast T1

(b) Gittermast T2

(c) Gittermast T3

(d) Hauptmast T4

Abbildung 5.8: Vergleich der vertikalen Komponente W der mittleren Geschwindigkeit zwischen den numerischen Simulationen und dem Freilandexperiment. Die Normierung erfolgt entsprechend den Gleichungen (4.2), (4.3) und (5.2).

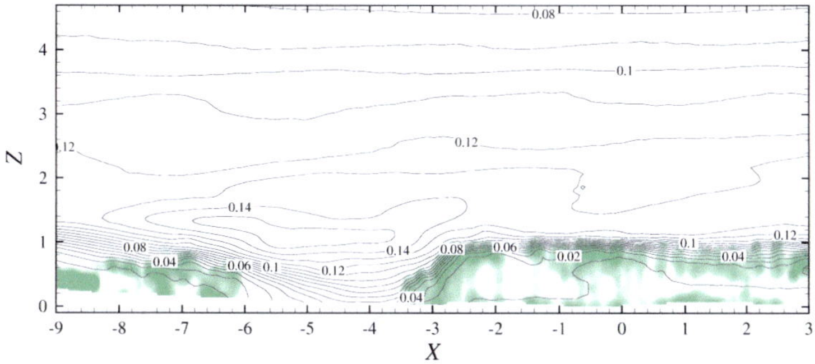

(a) Vertikaler Schnitt bei $Y = 0$

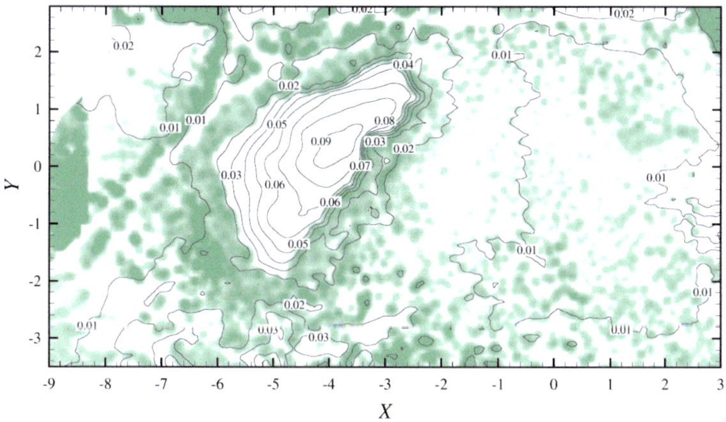

(b) Horizontaler Schnitt bei $Z = 0{,}3$

Abbildung 5.9: Turbulente kinetische Energie K der Grobstruktursimulation HET-3D. Die Normierung erfolgt entsprechend den Gleichungen (4.2) und (5.4). Im Hintergrund ist als Schattierung die Blattflächendichte zu sehen.

Bestand, bis vor die stromab gelegene Waldkante. Im Unterschied zu HET entwickelt sich das Maximum schon bei $X \approx -5$ über dem Wildacker und in einer Höhe von $Z \approx 1{,}1$. Die Verschiebung stromaufwärts hängt mit der mittleren Strömung zusammen, im Detail mit dem Rezirkulationsgebiet und der zwischen diesem und der Außenströmung befindlichen Scherschicht (Abbildung 5.3). Analog zu HET verhindert die dichte, geschlossene Vegetation am luvwärtigen Ende der Lichtung den Eintrag von turbulenter kinetischer Energie in den dahinter liegenden Stammraum. In diesem Bereich und im oberen Kronenraum beobachtet man ein rasches Abklingen von K aufgrund der hohen lokalen Blattflächendichte, sodass innerhalb des Bestandes lediglich Werte von $K \approx 0{,}01$ erreicht werden und damit eine Größenordnung weniger als in der freien Strömung außerhalb. Dass es sich dabei nicht um eine lokale Erscheinung handelt, verdeutlicht die horizontale Schnittebene bei $Z = 0{,}3$ (Abbildung 5.9b). Eine erhöhte turbulente kinetische Energie macht sich allein auf dem Wildacker und in der ersten Baumreihe in Strömungsrichtung bemerkbar. Das Maximum erreicht K unmittelbar vor dem luvwärtigen Bestand bei $-4{,}4 \leq X \leq -3{,}2$ und $0 \leq Y \leq 0{,}8$. Aus der numerischen Simulation von Cassiani et al. (2008) und aus dem Windkanalexperiment von Raupach et al. (1987) ist bekannt, dass die Rückströmung stromab einer Waldkante einen intermittierenden Charakter hat. Abbildung 5.5 zeigt, dass sie in diesem Bereich der Lichtung endet und starke Fluktuationen verursacht, was den lokalen Anstieg von K erklärt.

Die Reynolds-Spannung R_{xz} in Abbildung 5.10 ähnelt größtenteils der turbulenten kinetischen Energie. Über der Lichtung und dem stromauf gelegenen Bestand steigt der turbulente vertikale Impulsstrom erwartungsgemäß an. Das Maximum erreicht er bei $X \approx -5{,}5$ in einer Höhe von $Z \approx 1$ und damit etwas früher als K. Im Vergleich zu HET verschiebt sich der Bereich wieder entgegen der Strömungsrichtung, was auf den bereits erläuterten Zusammenhang mit der mittleren Strömung hindeutet. Des Weiteren gibt es einen sekundären Anstieg weiter stromab. Im Bereich von $0{,}2 \leq X \leq 2$, unmittelbar über dem Bestand, erreicht R_{xz} nahezu die gleichen Werte wie zuvor über der Lichtung. Im Unterschied dazu steigt aber die turbulente kinetische Energie nicht äquivalent an. Innerhalb der Vegetation ist R_{xz} vornehmlich entlang der Waldkante und im oberen Kronenbereich präsent und verschwindet tiefer im Bestand fast vollständig. Das gilt nahezu im gesamten Lösungsgebiet, wie der horizontale Schnitt durch den Stammraum in Abbildung 5.10b bestätigt. Teilweise kehrt sich das Vorzeichen von R_{xz} sogar um, sodass die Turbulenz einen Impulsstrom von unten nach oben etabliert. Dessen Größenordnung ist mit $R_{xz} \approx -0.004$ aber verhältnismäßig klein. Einzelne Bereiche außerhalb des Wildackers und der umgebenden Vegetation weisen dennoch einen größeren turbulenten vertikalen Impulsstrom auf, beispielsweise zwischen $-5{,}5 \leq X \leq -3{,}5$ und $-3{,}5 \leq Y \leq -2{,}5$.

Anhand der gespeicherten 1 800 Schnappschüsse des instantanen Geschwindigkeitsfeldes lassen sich die statistischen Momente höherer Ordnung für das gesamte Lösungsgebiet berechnen. Der Schwerpunkt liegt dabei auf der Schiefe der Geschwindigkeitsfluktuationen in Strömungsrichtung Sk_u. Sie beinhaltet eine Aussage über die Größe und die Intensität der auftretenden turbulenten Strukturen. Sollten sie statistisch normal verteilt sein, so gilt $Sk_u = 0$. Treten an einer Stelle vermehrt größere und stärkere Wirbel auf, dann ist die Verteilungsfunktion nicht mehr symmetrisch und man bezeichnet sie als rechtsschief mit $Sk_u > 0$. Bereits im vorangegangenen Kapitel wurde die Arbeit von Dupont & Brunet (2008*a*) erwähnt, welche die Schiefe nutzen, um stromab eines Lichtung-Wald-Übergangs eine Zone mit erhöhter Böenintensität zu definieren, wobei $Sk_u \geq 1{,}5$ gilt. Die Suche danach geht auf ein Windkanalexperiment von Raupach et al. (1987) zurück und liefert ein schönes Beispiel für die Interdisziplinarität der Waldforschung. Den Anstoß gab die

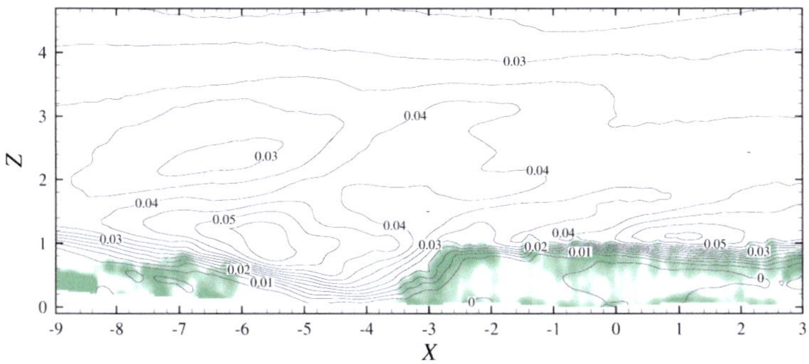

(a) Vertikaler Schnitt bei $Y = 0$

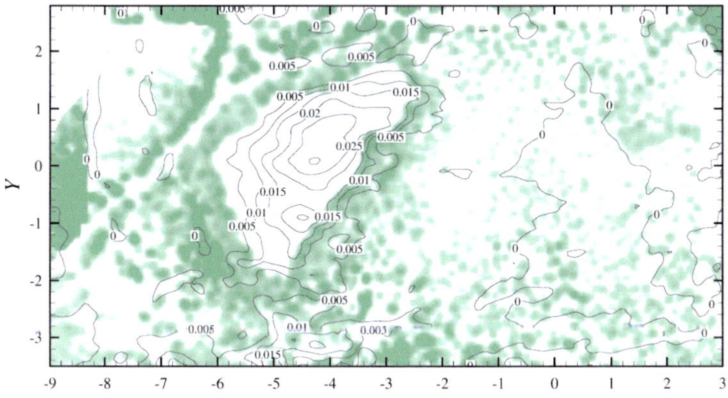

(b) Horizontaler Schnitt bei $Z = 0{,}3$

Abbildung 5.10: Reynolds-Spannung R_{xz} der Grobstruktursimulation HET-3D. Die Normierung erfolgt entsprechend den Gleichungen (4.2) und (5.3). Im Hintergrund ist als Schattierung die Blattflächendichte zu sehen.

z [m]	Z	HET	HET-3D	FIELD
2	0,067	−0,08	0,02	0,22
10	0,333	0,02	0,13	0,23
20	0,667	−0,07	−0,25	0,33
25	0,833	n.v.	0,77	1,49
30	1,000	0,55	0,71	0,85
42	1,400	0,30	0,33	0,30

Tabelle 5.3: Schiefe der Geschwindigkeitsfluktuationen in Strömungsrichtung Sk_u am Hauptmast T4. Die Normierung erfolgt entsprechend den Gleichungen (4.2) und (4.8).

Beobachtung des seltenen Graufußtölpels (*Papasula abbotti*), einer auf den australischen Weihnachtsinseln im Indischen Ozean beheimateten endemischen Vogelart. Einige Forscher bemerkten, dass die Vögel offenbar instinktiv in einem bestimmten Bereich stromab einer Waldlichtung kein Nest in den Baumwipfeln bauen. Die in diesem Kontext im Windkanal der „Commonwealth Scientific and Industrial Research Organisation“ (CSIRO) in Australien durchgeführten Experimente ermöglichten eine Erklärung für das sonderbare Brutverhalten. In einer Entfernung von $5\,h_{Ref}$ stromab der modellierten Waldkante ermittelten Raupach et al. (1987) im Kronenbereich bei ungefähr $0{,}8\,h_{Ref}$ eine Schiefe von $Sk_u \geq 1{,}5$ und fanden damit die ersten, eindeutigen Hinweise auf eine erhöhte Böenintensität im dortigen Forstbestand.

Jedoch ließ sich weder für die Grobstruktursimulation mit einer homogenen (HOM) noch mit einer zweidimensionalen heterogenen Blattflächendichte (HET) anhand der am Hauptmast der Anker-Station vorhandenen Zeitreihen ein verstärktes Auftreten größerer turbulenter Strukturen im Bestand feststellen. In HET-3D kann man diese Zone hingegen konkret nachweisen. Abbildung 5.11a zeigt Sk_u innerhalb einer vertikalen Ebene entlang des Transekts bei $Y = 0$. Zwischen $0 \leq X \leq 2$ und $0{,}6 \leq Y \leq 1{,}0$ steigen deren Werte signifikant an. Das Maximum von $Sk_u = 1{,}4$ befindet sich bei $X \approx 0{,}7$ und $Z \approx 0{,}84$ und damit $4\,h_{Ref}$ stromab des Übergangs von der Lichtung in den Bestand. Ein horizontaler Schnitt durch das Lösungsgebiet bei $Z = 0{,}8$ in Abbildung 5.11b zeigt, dass eine erhöhte Schiefe entlang der gesamten Waldkante des Wildackers zu beobachten ist. Zwar variiert sie in ihrer exakten Position zwischen dem Ein- bis Vierfachen der Referenzhöhe und ebenso in ihrer Intensität zwischen $0{,}8 \leq Sk_u \leq 1{,}4$, aber sie bestätigt im Grundsatz die Ergebnisse von Dupont & Brunet (2008*a*) und Raupach et al. (1987). Dass sich der Maximalwert geringfügig unterscheidet, kann sicherlich auf die idealen Bedingungen in der numerischen Simulation mit einem homogenen Wald (Dupont & Brunet, 2008*a*) und im Windkanalexperiment (Raupach et al., 1987) zurückgeführt werden.

Tabelle 5.3 vergleicht die Schiefe Sk_u in den Grobstruktursimulationen HET-3D und HET mit dem Freilandexperiment an den Positionen der Ultraschallanemometer am Hauptmast der Anker-Station. Dabei fällt auf, dass HET-3D die vertikale Position des Maximums bei $Z = 0{,}83$ sehr gut wiedergibt und damit ebenfalls die Windkanalmessungen von Raupach et al. (1987) bekräftigt. Jedoch erreicht die berechnete Schiefe mit $Sk_u = 0{,}77$ nur die Hälfte des im Freiland gemessenen Wertes von $Sk_u = 1{,}49$. Bei genauerem Hinsehen in Abbildung 5.11a relativiert sich diese Aussage, denn eine Verschiebung des Hauptmasts um wenige Meter stromab würde eine wesentlich bessere Übereinstimmungen mit FIELD ergeben. Die Schiefe der Geschwindigkeitsfluktuationen in Strömungsrichtung liefert einen

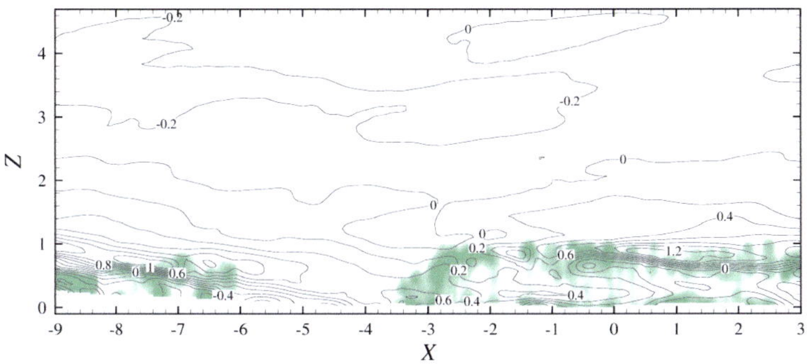

(a) Vertikaler Schnitt bei $Y = 0$

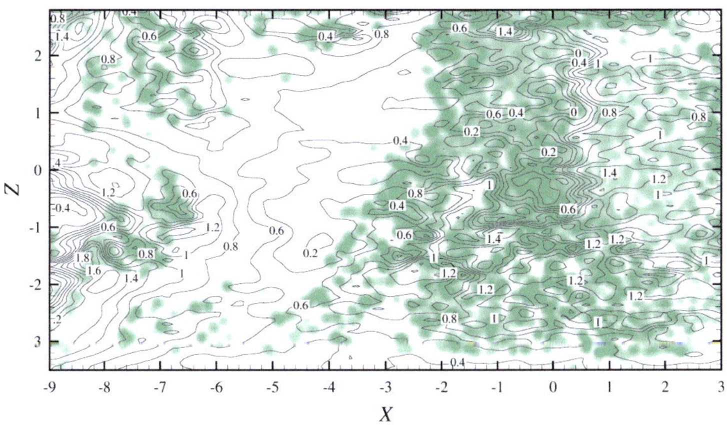

(b) Horizontaler Schnitt bei $Z = 0{,}8$

Abbildung 5.11: Schiefe der Geschwindigkeitsfluktuationen in Strömungsrichtung Sk_u der Grobstruktursimulation HET-3D. Die Normierung erfolgt entsprechend den Gleichungen (4.2) und (4.8). Im Hintergrund ist als Schattierung die Blattflächendichte zu sehen.

interessanten Einblick in das turbulente Geschwindigkeitsfeld und zudem die Erklärung für einige in der Natur auftretende Phänomene, zum Beispiel für den Windbruch in älteren Beständen (siehe Kapitel 1) oder für das Brutverhalten von Vögeln. Insgesamt werden die statistischen Momente höherer Ordnung sichtbar von der kleinräumigen Heterogenität der Vegetation beeinflusst und stimmen gut mit dem Freilandexperiment überein.

Die Abbildung 5.12 stellt die in den Grobstruktursimulationen HET-3D und HET berechneten turbulenten Größen dem Freilandexperiment FIELD gegenüber. Für die turbulente kinetische Energie ist die qualitative und quantitative Übereinstimmung im Allgemeinen sehr gut. Ihren Maximalwert erreicht sie in der Verwirbelungsschicht über dem Bestand, während innerhalb der Vegetation lediglich niedrige Werte von $K \leq 0{,}02$ auftreten. Die größten Unterschiede zwischen den beiden Grobstruktursimulationen gibt es auf der Lichtung an den Messtürmen T1 und T2, wo K eine signifikante Größenordnung hat. Hier spielen die Vorhersage der Position und die Intensität des Rezirkulationsgebietes auf dem Wildacker eine wesentliche Rolle, sodass die von HET-3D vorhergesagten Verläufe der turbulenten kinetischen Energie besser zu den Ergebnissen des Freilandexperiments passen. HET wird am Teleskopmast T1 erneut durch den stromauf befindlichen homogenen Wald negativ beeinflusst und unterschätzt K für $Z \leq 1$. Interessanterweise nimmt die quantitative Übereinstimmung von HET-3D mit FIELD in der Verwirbelungsschicht für die Messtürme T2 bis T4 ab. Dabei ist jedoch zu beachten, dass die statistischen Messunsicherheiten sehr groß sind und fast durchgängig die Ergebnisse beider Grobstruktursimulationen abdecken.

Deutlicher sind die Vorteile der dreidimensionalen heterogenen Blattflächendichte in HET-3D bei der Betrachtung der Reynolds-Spannung R_{xz} in der mittleren Spalte von Abbildung 5.12. Der Schwerpunkt der Verbesserungen liegt erneut auf der Lichtung, wo besonders am Teleskopmast T1 eine qualitative und quantitative Annäherung an das Freilandexperiment stattfindet. Am zweiten Messturm auf der Lichtung, am Gittermast T2, überschätzt HET-3D den turbulenten vertikalen Impulsstrom im Bereich von $0{,}3 \leq Z \leq 1$ weniger stark als HET und entwickelt sich damit quantitativ in die richtige Richtung. An den Messtürmen T3 und T4 im Inneren des Bestandes verlieren sich im Stammraum ($Z \leq 0{,}7$) die Unterschiede zwischen den beiden Grobstruktursimulationen aufgrund des sehr kleinen Betrags von R_{xz}. Trotzdem passen die Ergebnisse von HET-3D am Gittermast T3 geringfügig besser zu FIELD, während am Hauptmast T4 alle drei Kurven bis $Z = 0{,}7$ beinahe übereinanderliegen. Selbst den negativen vertikalen Impulsstrom am Übergang zwischen dem Kronen- und dem Stammraum sagen die numerischen Simulationen HET-3D und HET und das Freilandexperiment übereinstimmend voraus. Ab da steigt R_{xz} rasch an und erreicht, wie schon die turbulente kinetische Energie zuvor, in der Verwirbelungsschicht ihren höchsten Wert. Die Ähnlichkeit zwischen den beiden Grobstruktursimulationen und dem Freilandexperiment ist sehr groß, wenngleich HET-3D zwischen $0{,}7 \leq Z \leq 1$ an beiden Messtürmen quantitativ etwas bessere Ergebnisse liefert. Da aber die statistischen Messunsicherheiten parallel zu R_{xz} ebenfalls zugenommen haben, sind im Prinzip beide Möglichkeiten abgedeckt. Das gilt besonders für das Maximum, welches durch HET-3D an den Messtürmen T1 und T4 sowie durch HET an den Messtürmen T2 und T3 besser vorhergesagt wird. Mit zunehmender Entfernung zum Bestand müsste der turbulente vertikale Impulsstrom in der Prandtl-Schicht normalerweise einen konstanten Wert annehmen, was die künstliche obere Randbedingung aber verhindert (Abschnitt 2.3.4 und 2.4). HET zeigt genau das erwartete Verhalten, denn R_{xz} nimmt über die Rauigkeitsunterschicht hinweg stetig ab. Anders hingegen verhält es sich bei HET-3D. Dort folgt nach einem kurzen Abfall ab $Z \geq 1{,}5 \ldots 2$ eine Zone mit einem näherungsweise konstanten turbulenten Impulsstrom, welcher erst später auf die von der Randbedingung geforderte Null zurück-

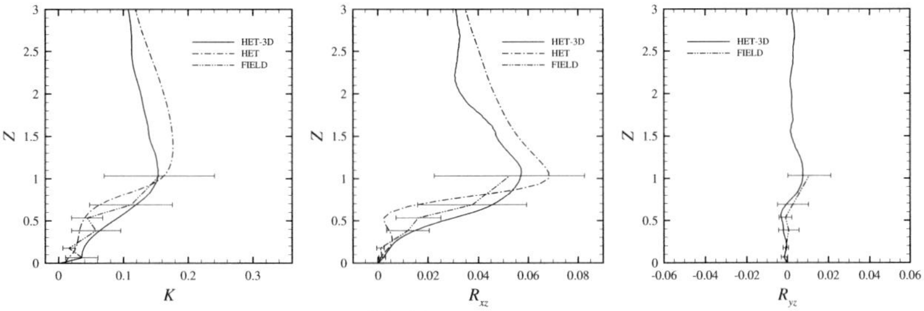

(a) Teleskopmast T1

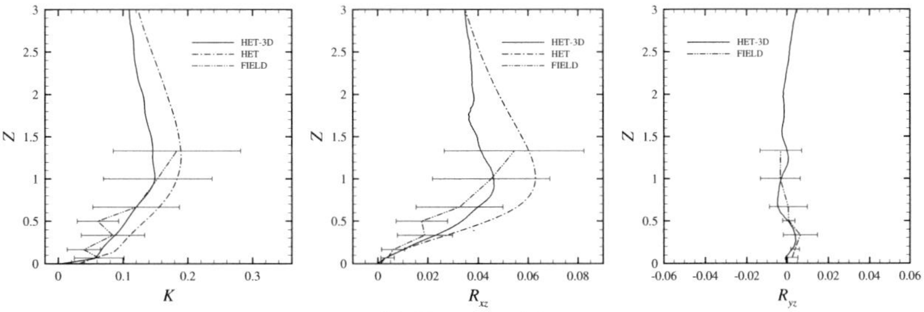

(b) Gittermast T2

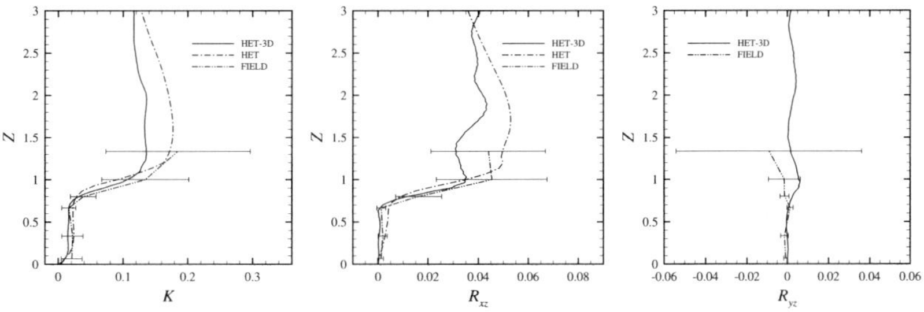

(c) Gittermast T3

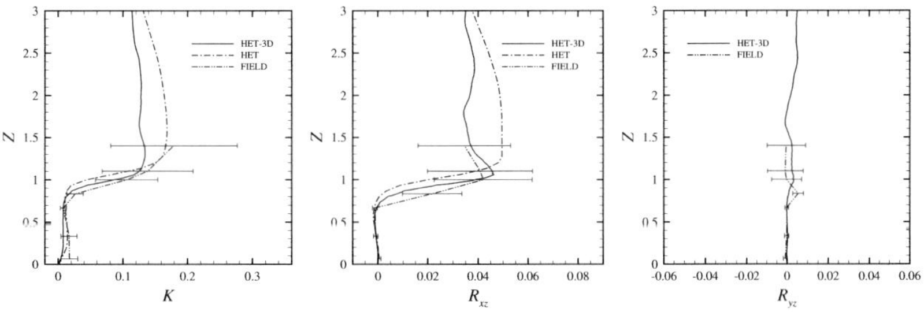

(d) Hauptmast T4

Abbildung 5.12: Vergleich der turbulenten Größen K, R_{xz} und R_{yz} zwischen den numerischen Simulationen und dem Freilandexperiment. Die Normierung erfolgt entsprechend den Gleichungen (4.2), (5.3) und (5.4).

geht. Das spricht letztendlich dafür, dass die vertikale Ausdehnung des Lösungsgebietes adäquat gewählt wurde und genügend Raum für die Entwicklung der Verwirbelungs- und Rauigkeitsunterschicht vorhanden ist.

Beim Vergleich der mittleren Geschwindigkeit in Querrichtung zwischen HET-3D und HET zeigte sich deren Bedeutung für einen dreidimensionalen heterogenen Wald (Tabelle 5.2). Das wirft natürlich die Frage auf, ob weitere Komponenten des Reynolds'schen Spannungstensors ebenfalls einen signifikanten Beitrag zum turbulenten vertikalen Impulsstrom liefern können. Als Einziges kommt dafür R_{yz} in Frage und wird in Abbildung 5.12 als Vergleich zwischen HET-3D und FIELD in der letzten Spalte dargestellt. Ein erster Blick auf die Messtürme T3 und T4 zeigt, dass R_{yz} im Inneren des Bestandes für $Z \leq 0{,}7$ ähnlich niedrige Werte aufweist wie R_{xz}. Aber auf der Lichtung und im oberen Kronenraum bleibt der für Letztere typische Zuwachs aus und R_{yz} überschreitet selten die Schwelle von 0,005. In der Umgebung der Referenzhöhe bei $Z = 1$ und auf dem Wildacker werden zwar vereinzelt Beträge von $R_{yz} = 0{,}01$ erreicht, aber gleichzeitig bewegt sich R_{xz} zwischen 0,04 bis 0,08 und damit eine halbe bis ganze Größenordnung darüber. Die Übereinstimmung mit dem Freilandexperiment ist verhältnismäßig gut. Die einzige Ausnahme bildet der Gittermast T3, wo ab einer Höhe von $Z = 0{,}7$ eine deutliche Divergenz zwischen HET-3D und FIELD festzustellen ist und am Ende der durch R_{yz} verursachte turbulente Impulsstrom sogar ein gegensätzliches Vorzeichen aufweist. Die großen statistischen Messunsicherheiten an dieser Stelle verhindern aber eine zuverlässige Aussage, denn am Ende werden beide Möglichkeiten durch die Freilandmessungen abgedeckt.

5.3 Eine zweite Bilanz

In diesem Kapitel sind die Ergebnisse der Grobstruktursimulation HET-3D mit einer heterogenen Blattflächendichte vorgestellt worden, die auf Abstraktionsstufe *drei* basiert. Der enthaltene virtuelle Wald zeichnet sich durch eine kleinräumige Heterogenität der Vegetation im gesamten Lösungsgebiet aus und unterscheidet sich dahingehend von HOM und HET aus Kapitel 4. Auf einem Sechstel der Fläche bereiteten die Daten des terrestrischen Laserscanners die Grundlage für eine realitätsnahe Darstellung des Bestandes, und für den verbleibenden Rest erzeugte der „Virtual Canopy Generator" eine zumindest statistisch näherungsweise exakte Reproduktion des Tharandter Waldes. Obendrein erfolgte die Integration eines digitalen Geländesmodells des Untersuchungsgebietes in das numerische Gitter.

Damit entsteht eine sehr komplexe, turbulente Strömung mit einer Vielzahl unterschiedlicher Einflussfaktoren. Die Dreidimensionalität der Vegetation prägt das Geschwindigkeitsfeld, und zwar besonders die mittleren Größen, auf unterschiedlichen Skalen. Die größten Unterschiede zu den Grobstruktursimulationen HOM und HET entwickeln sich auf dem Wildacker, wo unabhängig von der Art der verwendeten Blattflächendichte ein Rezirkulationsgebiet in Erscheinung tritt. Die dreidimensionale heterogene Blattflächendichte stromauf der Lichtung beeinflusst maßgeblich die Position des Rezirkulationsgebietes im Bereich der leewärtigen Waldkante und seine Intensität. Der Vergleich mit dem Freilandexperiment offenbart qualitative Verbesserungen an den Messtürmen T1 und T2 und stützt damit die aktuellen Ergebnisse. Außerdem zeigt sich, dass der homogene Wald in HET keine adäquate Alternative zu den terrestrischen Laserscans darstellt. Zweifellos spielen in der Natur weitere Faktoren, wie die thermische Schichtung und großskalige Böen aus der atmosphärischen Grenzschicht, eine Rolle und verhindern möglicherweise die dauerhafte Etablierung einer Rückströmung auf dem Wildacker. Dessen ungeachtet hat die dreidimensionale Umgebung einen weiteren Effekt, denn sie bietet der Strömung die Möglichkeit, auf einen lokal höheren aerodynamischen Widerstand mit einer seitlichen Ausweichbewegung zu reagieren, was bei einer in y-Richtung homogenen Blattflächendichte nicht möglich ist. Als Beispiel dafür dient die entlang der Waldkante ausgerichtete, mittlere Strömung im Nordosten des Wildackers. Begleitend dazu verursachen die vorhandenen Bodenunebenheiten weitere, großflächige Querbewegungen. Letztendlich ermöglicht der zusätzliche Freiheitsgrad eine geringfügige Verbesserung bezüglich der Übereinstimmung mit dem Freilandexperiment, besonders für die mittlere Komponente in Strömungsrichtung U innerhalb des Bestandes.

Bereits im vorangegangenen Kapitel stellte sich heraus, dass die lokalen Unterschiede in der Dichte der Vegetation einen ständig präsenten vertikalen Wind erzeugen, der damit einen direkten Beitrag zum Energie- und Stoffaustausch des Waldes mit der atmosphärischen Grenzschicht liefert. Die Ergebnisse des homogenen Waldes (HOM) legen, unter der Maßgabe einer neutralen Schichtung, eine Entkopplung des Stammraums vom Kronenraum nahe, da die mittlere vertikale Strömung W und der turbulente Impulsstrom R_{xz} größtenteils ausbleiben. In HET-3D konnte ein großer Teil des Bestandes im Lösungsgebiet durch eine realitätsnahe Blattflächendichte repräsentiert werden und es zeigt sich, dass W für den Energie- und Stofftransport im Inneren des Bestandes an Bedeutung gewinnt. Zwar verlagert sich mit zunehmender Entfernung vom Erdboden das Gewicht zurück auf den turbulenten Impulsstrom, aber der mittlere vertikale Wind verschwindet niemals vollständig.

Die Übereinstimmung der berechneten turbulenten Größen mit dem Freilandexperiment war bereits im vorangegangenen Kapitel gut. Qualitative Verbesserungen treten überwiegend auf der Lichtung in Erscheinung; im Bestand wird deren prinzipielles Verhalten durch HET-3D zumeist bestätigt. Für die Zukunft wäre die Korrelation zwischen der turbulenten kinetischen Energie und dem turbulenten vertikalen Impulsstrom ein interessanter Aspekt, da viele Turbulenzmodelle für die Anwendung in numerischen Simulationen auf der Basis der Reynolds-gemittelten Navier-Stokes-Gleichungen den Reynolds'schen Spannungstensor über K ausdrücken. Die Ergebnisse von HET-3D mahnen jedoch zur Zurückhaltung, denn nicht immer ergeben sich übereinstimmende lokale Minima und Maxima. Den Vergleich mit den Freilandmessungen prägen besonders die statistischen Messunsicherheiten, welche an den Stellen mit großen Werten für die turbulente kinetische Energie und den turbulenten vertikalen Impulsstrom stark anwachsen. Die kleinräumige Heterogenität der Vegetation verursacht durchaus Veränderungen in den Profilen, aber am Ende sind die Ergebnisse aller Grobstruktursimulationen durch das Freilandexperiment abgedeckt und es ist schwierig, eine klare Tendenz auszumachen. Letztendlich gilt das auch für die statistischen Momente höherer Ordnung, die ohnehin eine wesentlich längere Zeitspanne benötigen, um die gleiche Genauigkeit wie die mittleren Größen zu erreichen. Das modifizierte Verfahren zur Berechnung der Schiefe der Geschwindigkeitsfluktuationen in Strömungsrichtung ermöglicht die einwandfreie Identifikation eines gehäuften Auftretens von stärkeren Böen stromab der luvwärtigen Waldkante. Die Lage dieser Zone mit erhöhter Böenaktivität und der Wertebereich der Schiefe Sk_u stimmen gut mit den Vorhersagen anderer Autoren und mit dem Freilandexperiment überein.

In der atmosphärischen Grenzschicht oberhalb des Bestandes verliert die Heterogenität der darunterliegenden Vegetation an Bedeutung und die Unterschiede zwischen den beiden Grobstruktursimulationen mit einer zweidimensionalen oder dreidimensionalen heterogenen Blattflächendichte verschwinden. Großräumige Inhomogenitäten in der Größenordnung des Wildackers erzeugen durch die Anwesenheit eines Rezirkulationsgebietes einen abwärts gerichteten vertikalen Wind, der bis weit hinauf in die Rauigkeitsunterschicht zu spüren ist und damit die turbulente Strömung beeinflusst. In gröber aufgelösten Klima-

und Wettervorhersagemodellen kommt es demzufolge darauf an, die Auswirkungen von großräumigen Inhomogenitäten adäquat zu berücksichtigen. Die für die Darstellung der Vegetation gewählte Abstraktionsstufe wirkt sich vornehmlich unterhalb der Referenzhöhe $Z = 1$ auf die Ergebnisse aus und spielt folglich beispielsweise bei der Bestimmung der Quellfläche eines Freilandexperiments eine wichtige Rolle.

6 Zusammenfassung und Ausblick

Der Wald, ein mystischer Bestandteil unseres Lebens, Inspirationsquelle für Maler, Dichter, Romanautoren, Komponisten, Bühne unzähliger historischer Ereignisse, Produzent des lebensnotwendigen Sauerstoffs, ist durch seine intensive Wechselwirkung mit unserer Atmosphäre seit mehreren Jahrhunderten ein zentraler Forschungsgegenstand. Er stand im Mittelpunkt der vorliegenden Arbeit, deren Ziel es war, mit Hilfe der Numerik einen kleinen Beitrag zum Verständnis der von einer hohen Dynamik geprägten, turbulenten Strömung in einer Vegetationsschicht zu leisten. Dazu wurden die Ergebnisse verschiedener Grobstruktursimulationen präsentiert, welche sich am Tharandter Wald, einem Waldstück nahe der Stadt Dresden, orientierten. Das Untersuchungsgebiet beinhaltete eine größere Lichtung namens Wildacker und stand ebenfalls im Zentrum der TurbEFA-Messkampagne, einem einjährigen Freilandexperiment, das die Referenz für die vorliegende Arbeit bildete. Der Unterschied zwischen den Grobstruktursimulationen ergab sich im Wesentlichen aus der Darstellung der Vegetation, die sich stufenweise an die Realität des untersuchten Forstbestandes annäherte. Das in der Abstraktionsstufe *eins* verwendete eindimensionale Profil der Blattflächendichte führte auf den homogenen Wald und markierte damit den aktuellen Stand der Forschung. Mit dem terrestrischen Laserscanning stand indes ein modernes Messverfahren zur Verfügung, welches es gestattete, die kleinräumige Heterogenität der Vegetation im Untersuchungsgebiet abzubilden. Darauf aufbauend kam in Abstraktionsstufe *zwei* zunächst eine vereinfachte, zweidimensionale Blattflächendichte mit homogener y-Richtung zur Anwendung. Der dreidimensionale heterogene Wald war letztlich Gegenstand von Abstraktionsstufe *drei*. Weil das terrestrische Laserscanning mit einem hohen Aufwand verbunden ist, war eine vollständige Aufnahme der für die numerischen Simulationen notwendigen Waldfläche nicht möglich, und zunächst ersetzte der homogene Wald den nicht erfassten Teil des Bestandes. Für Abstraktionsstufe *drei* schuf der „Virtual Canopy Generator“ von Bohrer et al. (2007) auf der Grundlage von Forstkarten und von flächendeckend verfügbaren luftgestützten Laserscans eine statistisch näherungsweise exakte Reproduktion des Tharandter Waldes und ergänzte damit die terrestrischen Laserscans. Das in Abschnitt 1.4 formulierte Ziel einer lokalen Blattflächendichte, welche die individuellen Merkmale der einzelnen Bäume sichtbar macht, war damit erreicht und ein weiterer Schritt hin zur realistischen Abbildung eines größeren Forstbestandes in der numerischen Strömungsmechanik getan.

Bereits die Grobstruktursimulation mit einem homogenen Wald (HOM) offenbarte den enormen Einfluss der Lichtung auf das turbulente Geschwindigkeitsfeld. Dort trat, unabhängig von der für die Darstellung der Vegetation verwendeten Abstraktionsstufe, ein Rezirkulationsgebiet in Erscheinung, wobei die zweidimensionale heterogene Blattflächendichte (HET) dessen Lage und Intensität beeinflusste. Die dichte und geschlossene Vegetation entlang der luvwärtigen Waldkante wirkte sich außerdem sichtbar auf die turbulenten Größen aus und verhinderte beispielsweise den Eintrag von turbulenter kinetischer Energie in den dahinter liegenden Stammraum. Eine der wohl wichtigsten Beobachtungen betraf den mittleren vertikalen Wind im heterogenen Teil des Bestandes, wo er ständig präsent war und teilweise sogar die Größenordnung des turbulenten vertikalen Impulsstroms erreichte. Die Ergebnisse der Grobstruktursimulation mit einer dreidimensionalen heterogenen Blattflächendichte (HET-3D) bestätigten dieses Verhalten. Als logische Konsequenz ergab sich daraus, dass man das Kriterium für die Anpassung der turbulenten Strömung an den neuen Untergrund nach dem Passieren einer Lichtung überarbeiten sollte und ein verschwindender vertikaler Wind auf Höhe der Baumkronen für einen heterogenen Bestand nicht zweckmäßig erscheint (Dupont & Brunet, 2008*a*). In einer dreidimensionalen Darstellung der Vegetation nimmt obendrein die Bedeutung der lateralen Komponente der Geschwindigkeit zu. Die geneigt zur Hauptwindrichtung verlaufende Waldkante des Wildackers und die im Untersuchungsgebiet vorhandenen Bodenunebenheiten, welche in Form eines modifizierten digitalen Geländemodells im numerischen Gitter enthalten waren, verursachten signifikante Querströmungen, die sich stellenweise in der Größenordnung des mittleren vertikalen Windes bewegten. Der Schwerpunkt der Verbesserungen befand sich aber erneut auf dem Wildacker, wo sich das Rezirkulationsgebiet weiter stromauf verschob und in den Bestand auf der leewärtigen Seite hineinragte. Unterstützung erhielten die Ergebnisse der Grobstruktursimulation HET-3D vom Vergleich mit dem Freilandexperiment. Zieht man an dieser Stelle ein Resümee, so bleibt festzuhalten, dass die dreidimensionale heterogene Blattflächendichte gemeinsam mit der Topografie ein sehr komplexes turbulentes Geschwindigkeitsfeld mit einer Vielzahl von Besonderheiten erzeugt. Signifikante Auswirkungen hatte die kleinräumige Heterogenität der Vegetation auf der Lichtung und innerhalb des Bestandes. In der Rauigkeitsunterschicht darüber verschwanden die Unterschiede zwischen HOM, HET und HET-3D und lediglich die großräumigen Inhomogenitäten, wie der Wildacker, führten zu sichtbaren Effekten.

Als Strömungslöser kam die C++-Bibliothek OpenFoam zum Einsatz. Sie bietet eine Vielzahl von einstellbaren Parametern und musste zu Beginn an die Erfordernisse einer Grobstruktursimulation angepasst werden. Danach erfolgte die Integration der zeitabhängigen Volumenkraft für den aerodynamischen Widerstand der Vegetation, des Feinstrukturmodells und einer zusätzlichen Wandfunktion zur Anwendung des logarithmischen Gesetzes für raue Wände. Den Abschluss der vorgenommenen Implementierungen bildete eine erfolgreiche Evaluierung anhand der Studie von Shaw & Schumann (1992). Zwar ist OpenFoam für den parallelen Einsatz auf modernen Hochleistungsrechnern vorbereitet, musste aber trotzdem an die Systeme der Technischen Universität Dresden angepasst werden. Zeitgleich durchgeführte Geschwindigkeitstests halfen bei der Optimierung und der Steigerung der parallelen Effizienz, wobei als Testbeispiel eine Couette-Poiseuille-Strömung und später der homogene Wald von Shaw & Schumann (1992) diente. Neben verschiedenen Programmen zur Vor- und Nachbereitung der numerischen Simulationen war eine der wichtigsten Arbeiten die Definition einer universellen Schnittstelle für die Integration der Vegetationsdaten aus den terrestrischen Laserscans und dem „Virtual Canopy Generator“. Im Moment akzeptiert die Schnittstelle einen Voxelraum, welcher als Attribut entweder direkt die Blattflächendichte enthält oder aber die Gesamtreflexionswahrscheinlichkeit mit der Angabe eines Referenzareals und dem dazugehörigen, meist experimentell bestimmten Blattflächenindex.

Der Aufwand bei der Vorbereitung der Vegetationsdaten für die geplanten Grobstruktursimulationen gestaltete sich unterschiedlich. Das eindimensionale Profil für den homogenen Wald bedurfte keiner weiteren Nachbearbeitung und konnte direkt verwendet werden. Das gleiche galt für die terrestrischen Laserscans aus dem Jahre 2010, welche den Kern von Abstraktionsstufe *zwei* bildeten. Die zweidimensionale, in y-Richtung gemittelte Blattflächendichte kam bereits in parallelen Arbeiten der Projektpartner zum Einsatz (Queck,

2010). Es verblieb daher einzig die Kombination mit dem homogenen Wald, was über die Schnittstelle zu OpenFoam problemlos möglich war. Abstraktionsstufe *drei* verursachte den größten Aufwand, denn die Daten des terrestrischen Laserscanners lagen lediglich als Gesamtreflexionswahrscheinlichkeit vor. Zunächst galt es, die aus Metall bestehenden Messtürme zu löschen, denn deren unnatürlich hohe Reflexionswahrscheinlichkeit hätte eine zu große Blattflächendichte zur Folge gehabt. Zusätzlich wurden Geistervoxel auf der Lichtung und über dem Bestand entfernt, sodass am Ende 1,4 Millionen Voxel geprüft und, falls notwendig, modifiziert worden sind. Den Abschluss bildete die Subtraktion des digitalen Geländemodells ATKIS®-DGM2, um den Wald einzuebnen. Für die Arbeit mit dem „Virtual Canopy Generator" war es erforderlich, eine Zuordnung zwischen den Waldparzellen und den dazugehörigen Voxeln zu schaffen. Die Forstkarten lagen aber lediglich als Bild mit durch schwarze Linien abgetrennten und nummerierten Bereichen vor. Die Lösung brachte die Umwandlung in farbig ausgefüllte Flächen und das Auslesen der Farbwerte mit Hilfe der „Python Imaging Library". Im Anschluss wurde jede einzelne Waldparzelle mit einem Blattflächenindex, einer mittleren Baumhöhe und einer generischen Funktion für die Blattflächendichte verknüpft. Zur Auswahl standen die eigens implementierten Profile von Peters & Eiden (1992) und Kraus (2008). Nachdem die aus luftgestützten Laserscans gewonnene Information über die lokale Höhe der Baumkronen ebenfalls Eingang in den „Virtual Canopy Generator" gefunden hatte, blieb noch die Anpassung der Ausgabe, um einen reibungslosen Transfer an die Schnittstelle in OpenFoam zu gewährleisten.

In die Grobstruktursimulation HET-3D sollten zusätzlich die im Untersuchungsgebiet vorhandenen Bodenunebenheiten einfließen. Das vom Staatsbetrieb Geobasisinformation und Vermessung Sachsen bereitgestellte digitale Geländemodell ATKIS®-DGM2 liegt im Koordinatenreferenzsystem ETRS89_UTM und im Höhenreferenzsystem DHHN92 (Deutsches Haupthöhennetz 1992) vor. Solch ein Koordinatenreferenzsystem[1] besteht aus einem geodätischen Bezugssystem (ETRS89, engl. European Terrestrial Reference System 1989) und einem Koordinatensystem (UTM, engl. Universal Transverse Mercator). Es entspricht damit natürlich nicht dem lokalen Koordinatensystem in den numerischen Simulationen mit dem Fußpunkt des Hauptmasts der Anker-Station als Koordinatenursprung. Das entsprechend konvertierte digitale Geländemodell stand zwar zur Verfügung und hatte die richtige Auflösung, war aber nicht deckungsgleich mit dem Voxelraum (Bienert, 2011). Abhilfe schuf eine lineare Interpolation der Höheninformationen. Im Anschluss sind die in Abschnitt 3.1.1 besprochenen Anpassungen für die Verwendung periodischer Randbedingungen durchgeführt worden. Die Überführung in eine Journal-Datei für den Gittergenerator Ansys Gambit war die Voraussetzung für die Erstellung des numerischen Gitters. Am Schluss führte die Schnittstelle in OpenFoam den Voxelraum des terrestrischen Laserscanners und des „Virtual Canopy Generators" sowie die Höheninformationen zusammen und ordnete jedem Kontrollvolumen eine entsprechende Blattflächendichte zu. Damit konnten die Grobstruktursimulationen parallel auf 320 und 640 Prozessorkernen (jeweils für Kapitel 4 und 5) durchgeführt werden.

Die Möglichkeiten für die Auswertung sind mit den in der vorliegenden Arbeit vorgestellten Ergebnissen lange nicht erschopft, insbesondere für HET-3D. Beispielsweise kann man die instantanen Schnappschüsse des Geschwindigkeitsfeldes nutzen, um über die Methode der bedingten Stichproben (engl. Conditional Sampling) eine Aussage über die im Bestand auftretenden „Sweeps" und „Ejections" zu erhalten (Antonia, 1981; Lu & Willmarth, 1973; Raupach, 1981). Das mittlere turbulenten Windfeld erlaubt die Abschätzung des Risikos für Windbruch, indem man das auf die Bäume einwirkende Biegemoment bestimmt (Frank

[1] Mehr Informationen unter: `www.landesvermessung.sachsen.de/inhalt/etrs/grund/grund.html`

& Ruck, 2008). Durch die Integration in ein Footprint-Modell ist eine genauere Aussage über die Quellfläche der einzelnen Ultraschallanemometer im Freilandexperiment möglich (Kljun et al., 2004, 2002). Außerdem stehen 9 400 bisher nicht ausgewertete Zeitreihen mit einer Abtastfrequenz von 10 Hz an gleichmäßig im Lösungsgebiet verteilten Messpunkten zur Verfügung. Eine Fourier-Zerlegung bestimmt daraus das turbulente Spektrum und eine Wavelet-Analyse identifiziert die kohärenten Strukturen, welche maßgeblich am Energie- und Stoffaustausch des Bestandes mit der atmosphärischen Grenzschicht beteiligt sind (Collineau & Brunet, 1993*a*,*b*). Eine zusätzliche Grobstruktursimulation ohne Topografie könnte deren Einfluss auf das turbulente Geschwindigkeitsfeld näher beleuchten. Zur Differenzierung zwischen den Effekten der klein- und großräumigen Heterogenität ist eine weitere Abstraktionsstufe für die Vegetation denkbar, die einen parzellenweise homogenen Wald beinhaltet.

In der Zukunft sind die zeitabhängige Volumenkraft und das Feinstrukturmodell potentielle Kandidaten für eine Weiterentwicklung. Die terrestrischen Laserscans erlauben heutzutage schon Voxel mit einer Größe von 0,25 m, wodurch in der Grobstruktursimulation größere Pflanzenbestandteile über einige Gitterpunkte in Umfangsrichtung aufgelöst werden können. Reizvoll in diesem Zusammenhang erscheint die Idee der fraktalen Geometrien von Chester & Meneveau (2007) und Chester et al. (2007), aber auch die zusätzliche Transportgleichung für die im Nachlauf der Vegetationselemente erzeugte turbulente kinetische Energie von Shaw & Patton (2003). Beinahe schon zwangsläufig ergibt sich die Frage nach einem von der Gitterschrittweite unabhängigen Feinstrukturmodell, um etwa im Bereich der Messtürme eine höhere Auflösung zu ermöglichen oder gar eine adaptive Verfeinerung. Kombiniert mit einem anisotropen Widerstandsbeiwert, beispielsweise richtungsabhängig oder auf den jeweiligen Pflanzenbestandteil zugeschnitten, ergeben sich ganz neue Perspektiven. Das Gleiche gilt für die anderen im Bestand stattfindenden Prozesse. Sie werden mit großer Wahrscheinlichkeit ebenfalls von der hochauflösenden heterogenen Blattflächendichte beeinflusst. Man denke an die Bedeutung des Waldes für den Wasserkreislauf unserer Erde, aber vor allem an die bisher stets am Rande betrachtete thermische Schichtung und in diesem Zusammenhang an das Absorptions-, Reflexions- und Transmissionsverhalten der Pflanzen. In einem ersten Schritt könnte man dazu die inkompressiblen Impulserhaltungsgleichungen mit einem von der Dichte abhängigen Auftriebsterm und einer Temperaturgleichung erweitern, die sogenannte Boussinesq-Approximation (Ferziger & Perić, 2008; Shaw & Schumann, 1992).

Ein anderer Punkt ist die Weitereinwicklung der Möglichkeiten zur Darstellung der Vegetation. Im Hinblick auf eine systematische Untersuchung von inhomogenen Waldgebieten bietet sich ein verbesserter „Virtual Canopy Generator" an. Zunächst digitalisiert man mit Hilfe des terrestrischen Laserscanners einige für Zentral- und Westeuropa charakteristische Bäume, die im Anschluss über ausgewählte Parameter, beispielsweise Baumhöhe und Kronendurchmesser, individualisiert werden. Durch die Vorgabe der Baumpositionen generiert das Programm letztlich einen virtuellen Forstbestand, der die gewünschten Eigenschaften aufweist. Im Prinzip wäre damit sogar eine passable Möglichkeit vorhanden, reale Waldgebiete, die bisher nicht mit einem terrestrischen Laserscanner erfasst wurden, in der numerischen Simulation abzubilden. Allerdings wird derzeit intensiv an sogenannten Full-Waveform-Scannern gearbeitet. Diese zumeist von einer fliegenden Plattform aus eingesetzten Geräte zeichnen das gesamte Intensitätssignal der reflektierten Energie des ausgesendeten Laserstrahls auf und ermöglichen einen Einblick in die vertikale Struktur der Vegetation. Eine flächendeckende Erfassung ganzer Waldgebiete und in diesem Zusammenhang eine wirtschaftliche Anwendung rücken folglich in greifbare Nähe. Im Zuge des

Ausbaus der regenerativen Energiequellen in Deutschland errichtet man heutzutage des öfteren Windkraftanlagen in bewaldeten Gegenden, was für deren Betrieb nicht optimal ist. Die Verwirbelungsschicht, welche sich über dem Bestand ausbildet, verursacht Turbulenzen und stört damit die Effizienz und die Haltbarkeit der Rotoren. In einer der ersten Arbeiten zu diesem Thema beschäftigen sich Porté-Agel et al. (2011) mit der Interaktion zwischen der atmosphärischen Grenzschicht und Windturbinen. Standortspezifische numerische Simulationen der turbulenten Strömung über Waldgebieten könnten in Zukunft die Suche nach Optimierungsmöglichkeiten unterstützen und bereits im Vorfeld die Planung solcher Windkraftanlagen verbessern.

Literaturverzeichnis

Adams, N. & Hickel, S. (2009). Implicit large-eddy simulation: Theory and application, in: *Advances in Turbulence XII*, Band 132 von *Springer Proceedings in Physics*, Seiten 743 – 750, Springer Verlag.

Alekseychik, P., Mammarella, I., Launiainen, S., Rannika, Ü. & Vesalaa, T. (2013). Evolution of the nocturnal decoupled layer in a pine forest canopy. *Agricultural and Forest Meteorology*, *174 – 175*, 15 – 27.

Anderson, W. & Meneveau, C. (2010). A Large-Eddy simulation model for boundary-layer flow over surfaces with horizontally resolved but vertically unresolved roughness elements. *Boundary-Layer Meteorology*, *137*, 397 – 415.

Anderson, W., Passalacqua, P., Porté-Agel, F. & Meneveau, C. (2012). Large-eddy simulation of atmospheric boundary-layer flow over fluvial-like landscapes using a dynamic roughness model. *Boundary-Layer Meteorology*, *144*, 263 – 286.

Antonia, R. (1981). Conditional sampling in turbulence measurement. *Annual Review of Fluid Mechanics*, *13*, 131 – 156.

Aschoff, T., Holderied, M. & Spiecker, H. (2006). *Photogrammetrie – Laserscanning – Optische 3D-Messtechnik. Beiträge der Oldenburger 3D-Tage 2006*, Kapitel: Terrestrische Laserscanner zur Untersuchung von Wäldern als Jagdlebensräume für Fledermäuse, Seiten 280 – 287, Herbert Wichmann Verlag.

Aschoff, T. & Spiecker, H. (2004). Algorithms for the automatic detection of trees in laser scanner data. *International Archives of Photogrammetry, Remote Sensing and Spatial Information Sciences*, *XXXVI - 8/W2*, 71 – 75.

Aubinet, M. (2008). Eddy covariance CO_2 flux measurements in nocturnal conditions: an analysis of the problem. *Ecological Applications*, *18*, 1368 – 1378.

Aubrun, S., Koppmann, R., Leitl, B., Möllmann-Coers, M. & Schaub, A. (2005). Physical modelling of a comple forest area in a wind tunnel – comparison with field data. *Agricultural and Forest Meteorology*, *129*, 121 – 135.

Aubrun, S. & Leitl, B. (2004). Development of an improved physical modelling of a forest area in a wind tunnel. *Atmospheric Environment*, *38*, 2797 – 2801.

Aumond, P., Masson, V., Lac, C., Gauvreau, B., Dupont, S. & Berengier, M. (2013). Including the drag effects of canopies: real case large-eddy simulation studies. *Boundary-Layer Meteorology*, *146*, 65 – 80.

Bailey, B. & Stoll, R. (2013). Turbulence in sparse, organized vegetative canopies: a large-eddy simulation study. *Boundary-Layer Meteorology*, *147*, 369 – 400.

Bansal, A., Feldick, A. & Modest, M. (2012). Simulation of hypersonic flow and radiation over a Mars reentry vehicle using OpenFOAM, in: *50th AIAA Aerospace Sciences Meeting including the New Horizons Forum and Aerospace Exposition*, AIAA 2012-0650, 18 Seiten.

Barry, R. & Chorley, R. (2010). *Atmosphere, Weather and Climate*, Routledge Verlag, 9. Auflage.

Baums, A.B., Goldberg, V. & Bernhofer, C. (2005). Upgrading the coupled vegetation boundary layer model HIRVAC by new soil water and interception modules. *Meteorologische Zeitschrift*, *14*, 211 – 218.

Belcher, S., Finnigan, J. & Harman, I. (2008). Flows through forest canopies in complex terrain. *Ecological Applications*, *18*(6), 1436 – 1453.

Belcher, S., Harman, I. & Finnigan, J. (2012). The wind in the willows: flows in forest canopies in complex terrain. *Annual Review of Fluid Mechanics*, *44*, 479 – 504.

Belcher, S., Jerram, N. & Hunt, J. (2003). Adjustment of a turbulent boundary layer to a canopy of roughness elements. *Journal of Fluid Mechanics*, *488*, 369 – 398.

Bernhofer, C., Aubinet, M., Clement, R., Grelle, A., Grünwald, T., Ibrom, A., Jarvis, P., Rebmann, C., Schulze, E. & Tenhunen, J. (2003). *Fluxes of Carbon, Water and Energy of European Forests*, Band 163 von *Ecological Studies*, Kapitel: Spruce forests (Norway and Sitka spruce, including Douglas fir): Carbon and water fluxes and balances, ecological and ecophysiological determinants, Seiten 99 – 123, Springer Verlag.

Bienert, A. (2011). Persönliche Kommunikation, Technische Universität Dresden, Fakultät Umweltwissenschaften, Institut für Photogrammetrie und Fernerkundung, Professur für Photogrammetrie, Dresden, Deutschland.

Bienert, A. (2013). *Automatische Extraktion von 3D-Baumparametern aus terrestrischen Laserscannerdaten*, Dissertation, Technische Universität Dresden.

Bienert, A. & Maas, H.G. (2009). Methods for the automatic geometric registration of terrestrial laserscanner point clouds in forest stands. *International Archives of Photogrammetry, Remote Sensing and Spatial Information Sciences*, *XXXVIII - 3/W8*, 1 – 6.

Bienert, A., Pech, K. & Maas, H.G. (2011). Verfahren zur Registrierung von Laserscannerdaten in Waldbeständen. *Schweizerische Zeitschrift für Forstwesen*, *162*, 178 – 185.

Bienert, A., Queck, R., Schmidt, A., Bernhofer, C. & Maas, H.G. (2010). Voxel space analysis of terrestrial laser scans in forests for wind field modelling. *International Archives of Photogrammetry, Remote Sensing and Spatial Information Sciences*, *XXXVIII - Part 5*, 92 – 97.

Bohrer, G. (2011). Persönliche Kommunikation, The Ohio State University, Department of Civil, Environmental and Geodetic Engineering, Columbus, Vereinigte Staaten von Amerika.

Bohrer, G., Katul, G., Nathan, R., Walko, R. & Avissar, R. (2008). Effects of canopy heterogeneity, seed abscission and inertia on wind-driven dispersal kernels of tree seeds. *Journal of Ecology*, *96*, 569 – 580.

Bohrer, G., Katul, G., Walko, R. & Avissar, R. (2009). Exploring the effects of microscale structural heterogeneity of forest canopies using large-eddy simulations. *Boundary-Layer Meteorology, 132*, 351 – 382.

Bohrer, G., Wolosin, M., Brady, R. & Avissar, R. (2007). A virtual canopy generator (V-CaGe) for modelling complex heterogeneous forest canopies at high resolution. *Tellus B, 59*, 566 – 576.

Boussinesq, J. (1897). *Théorie de l'écoulement tourbillonnant et tumultueux des liquides dans les lits rectilignes a grande section*, Gauthier-Villars et Fils.

Brunet, Y., Finnigan, J. & Raupach, M. (1994). A wind tunnel study of air flow in waving wheat: single-point velocity statistics. *Boundary-Layer Meteorology, 70*, 95 – 132.

Brunet, Y. & Irvine, M. (2000). The control of coherent eddies in vegetation canopies: streamwise structure spacing, canopy shear scale and atmospheric stability. *Boundary-Layer Meteorology, 94*, 139 – 163.

Bundesministerium für Ernährung, Landwirtschaft und Verbraucherschutz (2009). Waldbericht der Bundesregierung 2009.

von Carlowitz, H. (1732). *Sylvicultura Oeconomica*, Johann Friedrich Braun, Leipzig, 2. Auflage.

Cassiani, M., Katul, G. & Albertson, J. (2008). The effects of canopy leaf area index on airflow across forest edges: large-eddy simulation and analytical results. *Boundary-Layer Meteorology, 126*, 433 – 460.

Cava, D. & Katul, G. (2008). Spectral short-circuiting and wake production within the canopy trunk space of an alpine hardwood forest. *Boundary-Layer Meteorology, 126*, 415 – 431.

Chason, J., Baldocchi, D. & Huston, M. (1991). A comparison of direct and indirect methods for estimating forest canopy leaf area. *Agricultural and Forest Meteorology, 57*, 107 – 128.

Chen, J. & Black, T. (1991). Measuring leaf area index of plant canopies with branch architecture. *Agricultural and Forest Meteorology, 57*, 1 – 12.

Chester, S. & Meneveau, C. (2007). Renormalized numerical simulation of flow over planar and non-planar fractal trees. *Environmental Fluid Mechanics, 7*, 289 – 301.

Chester, S., Meneveau, C. & Parlange, M. (2007). Modeling turbulent flow over fractal trees with renormalized numerical simulation. *Journal of Computational Physics, 225*, 427 – 448.

Chevalier, C. & Pellegrini, F. (2008). Pt-scotch: A tool for efficient parallel graph ordering. *Parallel Computing, 34*, 318 – 331.

Chianucci, F. & Cutini, A. (2013). Estimation of canopy properties in deciduous forests with digital hemispherical and cover photography. *Agricultural and Forest Meteorology, 168*, 130 – 139.

Collineau, S. & Brunet, Y. (1993*a*). Detection of turbulent coherent motions in a forest canopy. Part I: wavelet analysis. *Boundary-Layer Meteorology, 65*, 357 – 379.

Collineau, S. & Brunet, Y. (1993*b*). Detection of turbulent coherent motions in a forest canopy. Part II: time-scales and conditional averages. *Boundary-Layer Meteorology, 66*, 49 – 73.

Crank, J. & Nicolson, P. (1996). A practical method for numerical evaluation of solutions of partial differential equations of the heat-conduction type. *Advances in Computational Mathematics, 6*, 207 – 226.

Cutini, A., Matteucci, G. & Mugnozza, G. (1998). Estimation of leaf area index with the Li-Cor LAI 2000 in deciduous forests. *Forest Ecology and Management, 105*, 55 – 65.

Dalpé, B. & Masson, C. (2009). Numerical simulation of wind flow near a forest edge. *Journal of Wind Engineering and Industrial Aerodynamics, 97*, 228 – 241.

Deardorff, J. (1970). A numerical study of three-dimensional turbulent channel flow at large Reynolds numbers. *Journal of Fluid Mechanics, 41*(2), 453 – 480.

Deardorff, J. (1980). Stratocumulus-capped mixed layers derived from a three-dimensional model. *Boundary-Layer Meteorology, 18*, 495 – 527.

Der Spiegel (1975). Unser Feuer machen wir selber aus. *Der Spiegel, 34*, 17 – 26.

Detto, M., Katul, G., Siqueira, M., Juang, J.Y. & Stoy, P. (2008). The structure of turbulence near a tall forest edge: the backward-facing step flow analogy revisited. *Ecological Applications, 18*, 1420 – 1435.

Dooley, P. & Quinlan, N. (2009). Effect of eddy length scale on mechanical loading of blood cells in turbulent flow. *Annals of Biomedical Engineering, 37*, 2449 – 2458.

Doyle, J. & Durran, D. (2007). Rotor and subrotor dynamics in the lee of three-dimensional terrain. *Journal of the Atmospheric Sciences, 64*, 4202 – 4221.

Dupont, S., Bonnefond, J.M., Irvine, M., Lamaud, E. & Brunet, Y. (2011). Long-distance edge effects in a pine forest with a deep and sparse trunk space: in situ and numerical experiments. *Agricultural and Forest Meteorology, 151*, 328 – 344.

Dupont, S. & Brunet, Y. (2006). Simulation of turbulent flow in an urban forested park damaged by a windstorm. *Boundary-Layer Meteorology, 120*, 133 – 161.

Dupont, S. & Brunet, Y. (2008*a*). Edge flow and canopy structure: a large-eddy simulation study. *Boundary-Layer Meteorology, 126*, 51 – 71.

Dupont, S. & Brunet, Y. (2008*b*). Impact of forest edge shape on tree stability: a large-eddy simulation study. *Forestry, 81*, 299 – 315.

Dupont, S. & Brunet, Y. (2008*c*). Influence of foliar density profile on canopy flow: a large-eddy simulation study. *Agricultural and Forest Meteorology, 148*, 976 – 990.

Dupont, S. & Brunet, Y. (2009). Coherent structures in canopy edge flow: a large-eddy simulation study. *Journal of Fluid Mechanics, 630*, 93 – 128.

Dupont, S., Brunet, Y. & Finnigan, J.J. (2008). Large-eddy simulation of turbulent flow over a forested hill: validation and coherent structure identification. *Quarterly Journal of the Royal Meteorological Society, 134*, 1911 – 1929.

Dupont, S., Gosselin, F., Py, C., de Langre, E., Hemon, P. & Brunet, Y. (2010). Modelling waving crops using large-eddy simulation: comparison with experiments and a linear stability analysis. *Journal of Fluid Mechanics, 652*, 5 – 44.

Dupont, S., Irvine, M., Bonnefond, J.M., Lamaud, E. & Brunet, Y. (2012). Turbulent structures in a pine forest with a deep and sparse trunk space: stand and edge regions. *Boundary-Layer Meteorology, 143*, 309 – 336.

Dupont, S. & Patton, E. (2012). Influence of stability and seasonal canopy changes on micrometeorology within and above an orchard canopy: the CHATS experiment. *Agricultural and Forest Meteorology, 157*, 11 – 29.

Durran, D. (1999). *Numerical methods for wave equations in geophysical fluid dynamics*, Springer Verlag.

Edburg, S., Stock, D., Lamb, B. & Patton, E. (2012). The effect of the vertical source distribution on scalar statistics within and above a forest canopy. *Boundary-Layer Meteorology, 142*, 365 – 382.

Eichhorn, M. (2013). *Laserphysik: Grundlagen und Anwendungen für Physiker, Maschinenbauer und Ingenieure*, Springer Verlag.

Endalew, A., Debaer, C., Rutten, N., Vercammen, J., Delele, M., Ramon, H., Nicolaï, B. & Verboven, P. (2011). Modelling the effect of tree foliage on sprayer airflow in orchards. *Boundary-Layer Meteorology, 138*, 139 – 162.

Endalew, A., Hertog, M., Delele, M., Baelmans, M., Ramon, H., Nicolai, B. & Verboven, P. (2009). CFD modelling of turbulent airflow through plant systems using 3D canopy architecture, in: *Turbulence, Heat and Mass Transfer 6*, 12 Seiten.

Etling, D. (2008). *Theoretische Meteorologie: Eine Einführung*, Band 3, Springer Verlag.

Faro (2005). *Aufbruch in neue Dimensionen: Der FARO Laser Scanner LS.*

Feigenwinter, C., Bernhofer, C. & Vogt, R. (2004). The influence of advection on the short term CO_2-budget in and above a forest canopy. *Boundary-Layer Meteorology, 113*, 201 – 224.

Fernando, H. (Herausgeber) (2012*a*). *Handbook of Environmental Fluid Dynamics, Volume One: Overview and Fundamentals*, CRC Press.

Fernando, H. (Herausgeber) (2012*b*). *Handbook of Environmental Fluid Dynamics, Volume Two: Systems, Pollution, Modeling, and Measurements*, CRC Press.

Ferziger, J. & Perić, M. (2008). *Numerische Strömungsmechanik*, Springer Verlag.

Fesquet, C., Dupont, S., Drobinski, P., Dubos, T. & Barthlott, C. (2009). Impact of terrain heterogeneity on coherent structure properties: numerical approach. *Boundary-Layer Meteorology, 133*, 71 – 92.

Finnigan, J. (1979*a*). Turbulence in waving wheat: I. Mean statistics and honami. *Boundary-Layer Meteorology*, *16*, 181 – 211.

Finnigan, J. (1979*b*). Turbulence in waving wheat: II. Structure of momentum transfer. *Boundary-Layer Meteorology*, *16*, 213 – 236.

Finnigan, J. (2000). Turbulence in plant canopies. *Annual Review of Fluid Mechanics*, *32*, 519 – 571.

Finnigan, J. (2010). Waving plants and turbulent eddies. *Journal of Fluid Mechanics*, *652*, 1 – 4.

Finnigan, J. & Belcher, S. (2004). Flow over a hill covered with a plant canopy. *Quarterly Journal of the Royal Meteorological Society*, *130*, 1 – 29.

Finnigan, J. & Brunet, Y. (1995). *Wind and Trees*, Kapitel: Turbulent airflow in forests on flat and hilly terrain, Seiten 3 – 40, Cambridge University Press.

Finnigan, J., Shaw, R. & Patton, E. (2009). Turbulence structure above a vegetation canopy. *Journal of Fluid Mechanics*, *637*, 387 – 424.

Fitzmaurice, L., Shaw, R., U, K. & Patton, E. (2004). Three-dimensional scalar microfront systems in a large-eddy simulation of vegetation canopy flow. *Boundary-Layer Meteorology*, *112*, 107 – 127.

Foken, T. (2006*a*). 50 years of the Monin–Obukhov similarity theory. *Boundary-Layer Meteorology*, *119*, 431 – 447.

Foken, T. (2006*b*). *Angewandte Meteorologie*, Springer Verlag.

Folkard, A. (2011). Flow regimes in gaps within stands of flexible vegetation: laboratory flume simulations. *Environmental Fluid Mechanics*, *11*, 289 – 306.

Fontan, S., Katul, G., Poggi, D., Manes, C. & Ridolfi, L. (2013). Flume experiments on turbulent flows across gaps of permeable and impermeable boundaries. *Boundary-Layer Meteorology*, *147*, 21 – 39.

Food and Agriculture Organization of the United Nations (2010). Global Forest Resources Assessment 2010 – Main Report.

Frank, C. & Ruck, B. (2008). Numerical study of the airflow over forest clearings. *Forestry*, *81*, 259 – 277.

Frey, C., Kuenzer, C. & Dech, S. (2012). Quantitative comparison of the operational NOAA-AVHRR LST product of DLR and the MODIS LST product V005. *International Journal of Remote Sensing*, *33*(22), 7165 – 7183.

Fröhlich, J. (2006). *Large Eddy Simulation turbulenter Strömungen*, B.G. Teubner Verlag.

Fröhlich, J. & von Terzi, D. (2009). Hybrid LES/RANS methods for the simulation of turbulent flows. *Progress in Aerospace Sciences*, *44*(5), 349 – 377.

Gao, W., Shaw, R. & U, P. (1989). Observation of organized structure in turbulent flow within and above a forest canopy. *Boundary-Layer Meteorology*, *47*, 349 – 377.

Gash, J. (1986). Observations of turbulence downwind of a forest-heath interface. *Boundary-Layer Meteorology, 36*, 227 – 237.

Gavrilov, K., Accary, G., Morvan, D., Lyubimov, D., Méradji, S. & Bessonov, O. (2011). Numerical simulation of coherent structures over plant canopy. *Flow, Turbulence and Combustion, 86*, 89 – 111.

Germano, M., Piomelli, U. & Cabot, P.M.W. (1991). A dynamic subgrid-scale eddy viscosity model. *Physics of Fluids, 3*, 1760 – 1765.

Ghisalberti, M. & Nepf, H. (2002). Mixing layers and coherent structures in vegetated aquatic flows. *Journal of Geophysical Research, 107*, 3–1 – 3–11.

Ghisalberti, M. & Nepf, H. (2009). Shallow flows over a permeable medium: the hydrodynamics of submerged aquatic canopies. *Transport in Porous Media, 78*, 309 – 326.

Goldberg, V. & Bernhofer, C. (2001). Quantifying the coupling degree between land surface and the atmospheric boundary layer with the coupled vegetation-atmosphere model HIRVAC. *Annales Geophysicae, 19*, 581 – 587.

Golub, G.H. & Loan, C.F.V. (1996). *Matrix Computations*, Johns Hopkins University Press.

van Gorsel, E., Goanta, M. & Bernhofer, C. (2005). Traceflux: a small-scale tracer experiment at a forested site. *International Journal of Environment and Pollution, 25*, 25 – 32.

van Gorsel, E., Harman, I., Finnigan, J. & Leuning, R. (2011). Decoupling of air flow above and in plant canopies and gravity waves affect micrometeorological estimates of net scalar exchange. *Agricultural and Forest Meteorology, 151*, 927 – 933.

Gosselin, F. & de Langre, E. (2009). Destabilising effects of plant flexibility in air and aquatic vegetation canopy flows. *European Journal of Mechanics B/Fluids, 28*, 271 – 282.

Graham, J. & Meneveau, C. (2012). Modeling turbulent flow over fractal trees using renormalized numerical simulation: Alternate formulations and numerical experiments. *Physics of Fluids, 24*, 1 – 32.

Gropp, W., Lusk, E. & Skjellum, A. (1999). *Using MPI: Portable Parallel Programming with the Message-Passing Interface*, MIT Press, 2. Auflage.

Gross, G. (1987). A numerical study of the air flow within and around a single tree. *Boundary-Layer Meteorology, 40*, 311 – 327.

Grünwald, T. & Bernhofer, C. (2007). A decade of carbon, water and energy flux measurements of an old spruce forest at the Anchor Station Tharandt. *Tellus Series B, 59*, 387 – 396.

Hanna, K. (2006). The importance of airflow in the beautiful game. *Fluent News, Summer 2006*, 22 – 25.

Hansen, M., Stehman, S. & Potapov, P. (2010). Quantification of global gross forest cover loss. *Proceedings of the National Academy of Sciences, 107*, 8650 – 8655.

Harman, I. (2012). The role of roughness sublayer dynamics within surface exchange schemes. *Boundary-Layer Meteorology, 142*, 1 – 20.

Harman, I. & Finnigan, J. (2007). A simple unified theory for flow in the canopy and roughness sublayer. *Boundary-Layer Meteorology, 123*, 339 – 363.

Harman, I. & Finnigan, J. (2008). Scalar concentration profiles in the canopy and roughness sublayer. *Boundary-Layer Meteorology, 129*, 323 – 351.

Harman, I. & Finnigan, J. (2010). Flow over hills covered by a plant canopy: extension to generalised two-dimensional topography. *Boundary-Layer Meteorology, 135*, 51 – 65.

Harman, I. & Finnigan, J. (2013). Flow over a narrow ridge covered with a plant canopy: a comparison between wind-tunnel observations and linear theory. *Boundary-Layer Meteorology, 147*, 1 – 20.

Henning, J. & Radtke, P. (2006). Ground-based laser imaging for assessing three-dimensional forest canopy structure. *Photogrammetric Engineering & Remote Sensing, 72*, 1349 – 1358.

Hirsch, C. (2007). *Numerical Computation of Internal and External Flows*, Butterworth-Heinemann Verlag, 2. Auflage.

Huang, J., Cassiani, M. & Albertson, J. (2011). Coherent turbulent structures across a vegetation discontinuity. *Boundary-Layer Meteorology, 140*, 1 – 22.

Huang, J., Katul, G. & Albertson, J. (2013). The role of coherent turbulent structures in explaining scalar dissimilarity within the canopy sublayer. *Environmental Fluid Mechanics, 13*, 571 – 599.

Huang, P. & Pretzsch, H. (2010). Using terrestrial laser scanner for estimating leaf areas of individual trees in a conifer forest. *Trees, 24*, 609 – 619.

Inoue, E. (1955). Studies of the phenomena of waving plants ("HONAMI") caused by wind. *Journal of Agricultural Meteorology, 11*, 18 – 22.

Irvine, M., Gardiner, B. & Hill, M. (1997). The evolution of turbulence across a forest edge. *Boundary-Layer Meteorology, 84*, 467 – 496.

Issa, I. (1985). Solution of the implicitly discretised fluid flow equations by operator-splitting. *Journal of Computational Physics, 62*, 40 – 65.

Iwata, H., Asanuma, J., Qhtani, Y., Mizoguchi, Y. & Yasuda, Y. (2009). Vertical length scale of transporting eddies for sensible heat in the unstable roughness sublayer over a forest canopy. *Journal of Agricultural Meteorology, 65*, 1 – 9.

Jacobs, D.A.H. (1980). Preconditioned conjugate gradient methods for solving systems of algebraic equations, Technischer Bericht RD/L/N 193/80, Central Electricity Research Laboratories.

James, K. (2003). Dynamic loading of trees. *Journal of Arboriculture, 29*, 165 – 171.

Jasak, H. (1996). *Error analysis and estimation for the finite volume method with applications to fluid flows*, Dissertation, Imperial College of Science, London.

Júnior, C., Sá, L., Pachêco, V. & de Souza, C. (2013). Coherent structures detected in the unstable atmospheric surface layer above the Amazon forest. *Journal of Wind Engineering and Industrial Aerodynamics*, *115*, 1 – 8.

Jonckheere, I., Fleck, S., Nackaerts, K., Muys, B., Coppin, P., Weiss, M. & Baret, F. (2004). Review of methods for in situ leaf area index determination Part I. Theories, sensors and hemispherical photography. *Agricultural and Forest Meteorology*, *121*, 19 – 35.

Juang, J.Y., Katul, G., Siqueira, M., Stoy, P. & McCarthy, H. (2008). Investigating a hierarchy of Eulerian closure models for scalar transfer inside forested canopies. *Boundary-Layer Meteorology*, *128*, 1 – 32.

Jung, M., Reichstein, M., Margolis, H., Cescatti, A., Richardson, A., Arain, A., Arneth, A., Bernhofer, C., Bonal, D., Chen, J., Gianelle, D., Gobron, N., Kiely, G., Kutsch, W., Lasslop, G., Law, B., Lindroth, A., Merbold, L., Montagnani, L., Moors, E., Papale, D., Sottocornola, M., Vaccari, F. & Williams, C. (2011). Global patterns of land–atmosphere fluxes of carbon dioxide, latent heat, and sensible heat derived from eddy covariance, satellite, and meteorological observations. *Journal of Geophysical Research*, *116*, 1 – 16.

Kaimal, J. & Finnigan, J. (1994). *Atmospheric Boundary Layer Flows*, Oxford University Press.

Karniadakis, G. & Sherwin, S. (1999). *Spectral/hp element methods for CFD*, Oxford University Press.

Kästner, E. (1977). Die Wälder schweigen. *Die Zeit, Nr. 26/1977*, 38.

Katul, G., Finnigan, J., Poggi, D., Leuning, R. & Belcher, S. (2006). The influence of hilly terrain on canopy-atmosphere carbon dioxide exchange. *Boundary-Layer Meteorology*, *118*, 189 – 216.

Katul, G., Mahrt, L., Poggi, D. & Sanz, C. (2004). One- and two-equation models for canopy turbulence. *Boundary-Layer Meteorology*, *113*, 81 – 109.

Kljun, N., Kastner-Klein, P., Fedorovich, E. & Rotach, M. (2004). Evaluation of Lagrangian footprint model using data from wind tunnel convective boundary layer. *Agricultural and Forest Meteorology*, *127*, 189 – 201.

Kljun, N., Rotach, M. & Schmid, H. (2002). A three-dimensional backward Lagrangian footprint model for awide range of boundary-layer stratifications. *Boundary-Layer Meteorology*, *103*, 225 – 226.

Kobayashi, N. & Hiyama, T. (2011). Stability dependence of canopy flows over a flat larch forest. *Boundary-Layer Meteorology*, *139*, 97 – 120.

Kochendorfer, J., Meyers, T., Frank, J., Massman, W. & Heuer, M. (2012). How well can we measure the vertical wind speed? Implications for fluxes of energy and mass. *Boundary-Layer Meteorology*, *145*, 383 – 393.

Kochendorfer, J., Meyers, T., Frank, J., Massman, W. & Heuer, M. (2013). Reply to the comment by Mauder on "How well can we measure the vertical wind speed? Implications for fluxes of energy and mass". *Boundary-Layer Meteorology*, *147*, 337 – 345.

Kochendorfer, J. & U, K. (2011). Field estimates of scalar advection across a canopy edge. *Agricultural and Forest Meteorology, 151*, 584 – 594.

Kraus, H. (2004*a*). *Die Atmosphäre der Erde – Eine Einführung in die Meteorologie*, Springer Verlag.

Kraus, H. (2008). *Grundlagen der Grenzschicht-Meteorologie*, Springer Verlag.

Kraus, K. (2004*b*). *Photogrammetrie Band 1 – Geometrische Informationen aus Photographien und Laserscanneraufnahmen*, Walter de Gruyter Verlag, 7. Auflage.

de Langre, E. (2008). Effects of wind on plants. *Annual Review of Fluid Mechanics, 40*, 141 – 168.

Lee, X. (2000). Air motion within and above forest vegetation in non-ideal conditions. *Forest Ecology and Management, 135*, 3 – 18.

de Lemos, M. (2006). *Turbulence in porous media: modeling and applications*, Elsevier Science & Technology.

Leonard, A. (1975). Energy cascade in large-eddy simulations of turbulent fluid flows. *Advances in Geophysics, 18A*, 237 – 248.

Lilly, D. (1967). The representation of small-scale turbulence in numerical simulation experiments, in: *Proceedings of the IBM Scientific Computing Symposium on Environmental Sciences*, IBM Form No. 320-1951, Seiten 1 – 24, International Business Machines Corporation.

Linn, R., Sieg, C., Hoffman, C., Winterkamp, J. & McMillin, J. (2013). Modeling wind fields and fire propagation following bark beetle outbreaks in spatially-heterogeneous pinyon-juniper woodland fuel complexes. *Agricultural and Forest Meteorology, 173*, 139 – 153.

Lu, S. & Willmarth, W. (1973). Measurement of the structure of the Reynolds stress in a turbulent boundary layer. *Journal of Fluid Mechanics, 60*, 481 – 511.

Lumley, L. & Panofsky, H. (1964). *The Structure of Atmospheric Turbulence*, Interscience.

Lynch, P. (2008). The origins of computer weather prediction and climate modeling. *Journal of Computational Physics, 227*, 3431 – 3444.

Maas, H.G. (2005). Akquisition von 3D-GIS Daten durch Flugzeuglaserscanning. *Kartographische Nachrichten, 55*, 3 – 11.

Maas, H.G., Bienert, A., Scheller, S. & Keane, E. (2008). Automatic forest inventory parameter determination from terrestrial laserscanner data. *International Journal of Remote Sensing, 29*(5), 1579 – 1593.

Maronga, B. & Raasch, S. (2013). Large-eddy simulations of surface heterogeneity effects on the convective boundary layer during the LITFASS-2003 experiment. *Boundary-Layer Meteorology, 146*, 17 – 44.

Mauder, M. (2013). A comment on "How well can we measure the vertical wind speed? Implications for fluxes of energy and mass" by Kochendorfer et al. *Boundary-Layer Meteorology, 147*, 329 – 335.

Meneveau, C. & Katz, J. (2000). Scale-invariance and turbulence models for large-eddy simulation. *Annual Review of Fluid Mechanics*, *32*, 1 – 32.

Moderow, U., Aubinet, M., Feigenwinter, C., Kolle, O., Lindroth, A., Mölder, M., Montagnani, L., Rebmann, C. & Bernhofer, C. (2009). Available energy and energy balance closure at four coniferous forest sites across Europe. *Theoretical and Applied Climatology*, *98*, 397 – 412.

Moeng, C.H. (1984). A large-eddy simulation model for the study of planetary boundary-layer turbulence. *Journal of the Atmospheric Sciences*, *41*(13), 2052 – 2062.

Moin, P., Reynolds, W., & Ferziger, J. (1978). Large eddy simulation of incompressible turbulent channel flow, Technischer Bericht TF-12, Thermosciences Division, Department of Mechanical Engineering, Stanford University, California.

Monin, S. & Obukhov, A. (1954). Basic laws of turbulent mixing in the atmosphere near the ground. *Trudy Academia Nauka SSR*, *24*, 1963 – 1987.

Morse, A., Gardiner, B. & Marshall, B. (2002). Mechanisms controlling turbulence development across a forest edge. *Boundary-Layer Meteorology*, *103*, 227 – 251.

Morvan, D. (2011). Physical phenomena and length scales governing the behaviour of wildfires: a case for physical modelling. *Fire Technology*, *47*, 437 – 460.

Müller, J. (2011). *Forschungsreport Ernährung, Landwirtschaft, Verbraucherschutz*, Kapitel: Wasser – das „blaue Gold“ des Waldes, Seiten 16 – 19, Bundesministerium für Ernährung, Landwirtschaft und Verbraucherschutz.

Nathan, R., Katul, G., Bohrer, G., Kuparinen, A., Soons, M., Thompson, S., Trakhtenbrot, A. & Horn, H. (2011). Mechanistic models of seed dispersal by wind. *Theoretical Ecology*, *4*, 113 – 132.

Nepf, H. & Ghisalberti, M. (2008). Flow and transport in channels with submerged vegetation. *Acta Geophysica*, *56*, 753 – 777.

Nilsson, H. (2007). Some experiences on the accuracy and parallel performance of OpenFOAM for CFD in water turbines, in: B. Kågström, E. Elmroth, J. Dongarra & J. Waśniewsk (Herausgeber), *Applied Parallel Computing. State of the Art in Scientific Computing*, Band 4699 von *Lecture Notes in Computer Science*, Seiten 168 – 176, Springer Verlag.

Novak, M., Warland, J., Orchansky, A., Ketler, R. & Green, S. (2000). Wind tunnel and field measurements of turbulent flow in forests. Part I: Uniformly thinned stands. *Boundary-Layer Meteorology*, *95*, 457 – 495.

Oliveira, P., Acevedo, O., Moraes, O., Zimermann, H. & Teichrieb, C. (2013). Nocturnal intermittent coupling between the interior of a pine forest and the air above it. *Boundary-Layer Meteorology*, *146*, 45 – 64.

Paiva, L., Bodstein, G. & Menezes, W. (2009). Numerical simulation of atmospheric boundary layer flow over isolated and vegetated hills using RAMS. *Journal of Wind Engineering and Industrial Aerodynamics*, *97*, 439 – 454.

Panferov, O. & Sogachev, A. (2008). Influence of gap size on wind damage variables in a forest. *Agricultural and Forest Meteorology*, *148*, 1869 – 1881.

Panin, G. & Bernhofer, C. (2008). Parametrization of turbulent fluxes over inhomogeneous landscapes. *Izvestiya, Atmospheric and Oceanic Physics*, *44*, 701 – 716.

Patankar, S. (1980). *Numerical heat transfer and fluid flow*, Hemisphere Publishing Corporation.

Patton, E. (1997). *Large-eddy simulation of turbulent flow above and within a plant canopy*, Dissertation, University of California, Davis.

Patton, E., Davis, K., Barth, M. & Sullivan, P. (2001). Decaying scalars emitted by a forest canopy: a numerical study. *Boundary-Layer Meteorology*, *100*, 91 – 129.

Patton, E. & Finnigan, J. (2012). *Handbook of Environmental Fluid Dynamics, Volume One: Overview and Fundamentals*, Kapitel: Canopy Turbulence, Seiten 311 – 327, CRC Press.

Patton, E., Horst, T., Sullivan, P., Lenschow, D., Oncley, S., Brown, W., Burns, S., Guenther, A., Held, A., Karl, T., Mayor, S., Rizzo, L., Spuler, S., Sun, J., Turnipseed, A., Allwine, E., Edburg, S., Lamb, B., Avissar, R., Calhoun, R., Kleissl, J., Massman, W., U, K. & Weil, J. (2011). The canopy horizontal array turbulence study. *Bulletin of the American Meteorological Society*, *92*, 593 – 611.

Patton, E. & Katul, G. (2009). Turbulent pressure and velocity perturbations induced by gentle hills covered with sparse and dense canopies. *Boundary-Layer Meteorology*, *133*, 189 – 217.

Patton, E., Shaw, R., Judd, M. & Raupach, M. (1998). Large-eddy simulation of windbreak flow. *Boundary-Layer Meteorology*, *87*, 275 – 306.

Peters, K. & Eiden, R. (1992). Modelling the dry deposition velocity of aerosol particles to a spruce forest. *Atmospheric Environment*, *26A*, 2555 – 2564.

Piomelli, U. (1998). Large-eddy simulation: present state and future perspectives, in: *36th Aerospace Sciences Meeting and Exhibit, Reno, Nevada*, AIAA-1998-534, American Institute of Aeronautics and Astronautics, 13 Seiten.

Piomelli, U., Ferziger, J. & Moin, P. (1987). Models for large eddy simulations of turbulent channel flows including transpiration, Technischer Bericht TF-32, Stanford University, Department of Mechanical Engineering, Thermosciences Division.

Poggi, D. & Katul, G. (2007*a*). The ejection-sweep cycle over bare and forested gentle hills: a laboratory experiment. *Boundary-Layer Meteorology*, *122*, 493 – 515.

Poggi, D. & Katul, G. (2007*b*). An experimental investigation of the mean momentum budget inside dense canopies on narrow gentle hilly terrain. *Agricultural and Forest Meteorology*, *144*, 1 – 13.

Poggi, D. & Katul, G. (2007*c*). Turbulent flows on forested hilly terrain: the recirculation region. *Quarterly Journal of the Royal Meteorological Society*, *133*, 1027 – 1039.

Poggi, D., Katul, G., Albertson, J. & Ridolfi, L. (2007). An experimental investigation of turbulent flows over a hilly surface. *Physics of Fluids*, *19*, 1 – 12.

Poggi, D., Katul, G., Finnigan, J. & Belcher, S. (2008). Analytical models for the mean flow inside dense canopies on gentle hilly terrain. *Quarterly Journal of the Royal Meteorological Society, 134*, 1095 – 1112.

Poggi, D., Katul, G. & Vidakovic, B. (2011). The role of wake production on the scaling laws of scalar concentration fluctuation spectra inside dense canopies. *Boundary-Layer Meteorology, 139*, 83 – 95.

Pope, S.B. (2000). *Turbulent Flows*, Cambridge University Press.

Porté-Agel, F., Wu, Y., Lu, H. & Conzemius, R. (2011). Large-eddy simulation of atmospheric boundary layer flow through wind turbines and windfarms. *Journal of Wind Engineering and Industrial Aerodynamics, 99*, 154 – 168.

Prescher, A.K., Grunwald, T. & Bernhofer, C. (2010). Land use regulates carbon budgets in eastern Germany: From NEE to NBP. *Agricultural and Forest Meteorology, 150*, 1016 – 1025.

Pretzsch, H. (2010). *Forest Dynamics, Growth and Yield – From Measurement to Model*, Springer Verlag.

Qiu, J., Gu, Z. & Wang, Z. (2008). Numerical study of the response of an atmospheric surface layer to a spatially nonuniform plant canopy. *Boundary-Layer Meteorology, 127*, 293 – 311.

Queck, R. (2010). Persönliche Kommunikation, Technische Universität Dresden, Fakultät Umweltwissenschaften, Institut für Hydrologie und Meteorologie, Professur für Meteorologie, Dresden, Deutschland.

Queck, R. (2013). Persönliche Kommunikation, Technische Universität Dresden, Fakultät Umweltwissenschaften, Institut für Hydrologie und Meteorologie, Professur für Meteorologie, Dresden, Deutschland.

Queck, R. & Bernhofer, C. (2010). Constructing wind profiles in forests from limited measurements of wind and vegetation structure. *Agricultural and Forest Meteorology, 150*, 724 – 735.

Queck, R., Bienert, A., Maas, H.G., Harmansa, S., Goldberg, V. & Bernhofer, C. (2012). Wind fields in heterogeneous conifer canopies: parameterisation of momentum absorption using high-resolution 3D vegetation scans. *European Journal of Forest Research, 131*, 165 – 176.

Radloff, W. (2010). *Laser in Wissenschaft und Technik*, Spektrum Akademischer Verlag.

Rannik, U., Sogachev, A., Foken, T., Göckede, M., Kljun, N., Leclerc, M. & Vesala, T. (2012). Footprint analysis, in: M. Aubinet, T. Vesala & D. Papale (Herausgeber), *Eddy Covariance*, Seiten 211 – 261, Springer Verlag.

Raupach, M. (1981). Conditional statistics of Reynolds stress in rough-wall and smooth-wall turbulent boundary layers. *Journal of Fluid Mechanics, 108*, 363 – 382.

Raupach, M., Antonia, R. & Rajagopalan, S. (1991). Rough-wall turbulent boundary layers. *Applied Mechanics Reviews, 44*, 1 – 25.

Raupach, M., Bradley, E. & Ghadiri, H. (1987). A wind tunnel investigation into the aerodynamic effect of forest clearings on the nesting of Abbott's Boody on Christmas Island, Technischer Bericht, CSIRO Division of Environmental Mechanics, Canberra.

Raupach, M., Finnigan, J. & Brunet, Y. (1996). Coherent eddies and turbulence in vegetation canopies: the mixing-layer analogy. *Boundary-Layer Meteorology*, *78*, 351 – 382.

Raupach, M. & Shaw, R. (1982). Averaging procedures for flow within vegetation canopies. *Boundary-Layer Meteorology*, *22*, 79 – 90.

Raupach, M. & Thom, A. (1981). Turbulence in and above plant canopies. *Annual Review of Fluid Mechanics*, *13*, 97 – 129.

Raynor, G. (1971). Wind and temperature structure in a coniferous forest and a contiguous field. *Forest Science*, *17*, 351 – 363.

Rhie, C.M. & Chow, W.L. (1983). Numerical study of the turbulent flow past an airfoil with trailing edge separation. *AIAA Journal*, *21*(11), 1525 – 1532.

Riegl (2009). *Long range & high accuracy 3D terrestrial laser scanner system – LMS-Z420i.*

Rosenfeld, M., Marom, G. & Bitan, A. (2010). Numerical simulation of the airflow across trees in a windbreak. *Boundary-Layer Meteorology*, *135*, 89 – 107.

Ross, A. (2008). Large-eddy simulations of flow over forested ridges. *Boundary-Layer Meteorology*, *128*, 59 – 76.

Ross, A. (2011). Scalar transport over forested hills. *Boundary-Layer Meteorology*, *141*, 179 – 199.

Ross, A. (2012). Boundary-layer flow within and above a forest canopy of variable density. *Quarterly Journal of the Royal Meteorological Society*, *138*, 1259 – 1272.

Ross, A. & Baker, T. (2013). Flow over partially forested ridges. *Boundary-Layer Meteorology*, *146*, 375 – 392.

Ross, A. & Vosper, S. (2005). Neutral turbulent flow over forested hills. *Quarterly Journal of the Royal Meteorological Society*, *131*, 1841 – 1862.

Ruck, B., Frank, C. & Tischmacher, M. (2012). On the influence of windward edge structure and stand density on the flow characteristics at forest edges. *European Journal of Forest Research*, *131*, 177 – 189.

Ryu, Y., Nilson, T., Kobayashi, H., Sonnentag, O., Law, B. & Baldocchi, D. (2010). On the correct estimation of effective leaf area index: Does it reveal information on clumping effects? *Agricultural and Forest Meteorology*, *150*, 463 – 472.

Sagaut, P. (1998). *Large Eddy Simulation for Incompressible Flows*, Springer Verlag.

Schlatter, P. & Örlü, R. (2010). Assessment of direct numerical simulation data of turbulent boundary layers. *Journal of Fluid Mechanics*, *659*, 116 – 126.

Schlegel, F., Stiller, J., Bienert, A., Maas, H.G., Queck, R. & Bernhofer, C. (2012). Large-eddy simulation of inhomogeneous canopy flows using high resolution terrestrial laser scanning data. *Boundary-Layer Meteorology, 142*, 223 – 243.

Schlichting, H. & Gersten, K. (2000). *Boundary Layer Theory*, Springer Verlag, 8. Auflage.

Schmidt, H. & Schumann, U. (1989). Coherent structure of the convective boundary layer derived from large-eddy simulations. *Journal of Fluid Mechanics, 200*, 511 – 562.

Schröttle, J. & Dörnbrack, A. (2013). Turbulence structure in a diabatically heated forest canopy composed of fractal Pythagoras trees. *Theoretical and Computational Fluid Dynamics, 27*, 337 – 359.

Schumann, U. (1975). Subgrid scale model for finite difference simulations of turbulent flows in plane channels and annuli. *Journal of Computational Physics, 18*, 376 – 404.

Schwappach, A. (1886). *Handbuch der Forst- und Jagdgeschichte Deutschlands: Band 1*, Springer Verlag.

Schwappach, A. (1888). *Handbuch der Forst- und Jagdgeschichte Deutschlands: Band 2*, Springer Verlag.

Selino, A. & Jones, M. (2013). Large and small eddies matter: animating trees in wind using coarse fluid simulation and synthetic turbulence. *Computer Graphics forum, 32*, 75 – 84.

Serafimovich, A., Thomas, C. & Foken, T. (2011). Vertical and horizontal transport of energy and matter by coherent motions in a tall spruce canopy. *Boundary-Layer Meteorology, 140*, 429 – 451.

Seto, D., Clements, C. & Heilman, W. (2013). Turbulence spectra measured during fire front passage. *Agricultural and Forest Meteorology, 169*, 195 – 210.

Shaw, R. (1977). Secondary wind speed maxima inside plant canopies. *Journal of Applied Meteorology, 16*, 514 – 521.

Shaw, R., den Hartog, G. & Neumann, H. (1988). Influence of foliar density and thermal stability on profiles of Reynolds stress and turbulence intensity in a deciduous forest. *Boundary-Layer Meteorology, 45*, 391 – 409.

Shaw, R. & Patton, E. (2003). Canopy element influences on resolved- and subgrid-scale energy within a large-eddy simulation. *Agricultural and Forest Meteorology, 115*, 5 – 17.

Shaw, R. & Pereira, A. (1982). Aerodynamic roughness of a plant canopy: a numerical experiment. *Agricultural Meteorology, 26*, 51 – 65.

Shaw, R. & Schumann, U. (1992). Large-eddy simulation of turbulent flow above and within a forest. *Boundary-Layer Meteorology, 61*, 47 – 64.

Shaw, R. & Seginer, I. (1985). The dissipation of turbulence in plant canopies, in: *Proceedings of the 7th Symposium of the American Meteorological Society on Turbulence and Diffusion*, Seiten 200 – 203.

Smagorinsky, J. (1963). General circulation experiments with the primitive equations. *Monthly Weather Review, 91*(3), 99 – 164.

Sogachev, A. (2009). A note on two-equation closure modelling of canopy flow. *Boundary-Layer Meteorology, 130*, 423 – 435.

Sogachev, A., Leclerc, M., Zhang, G., Ů. Rannik & Vesala, T. (2008). CO_2 fluxes near a forest edge: a numerical study. *Ecological Applications, 16*(6), 1454 – 1469.

Sogachev, A., Panferov, O., Ahrends, B., Doering, C. & Jørgensen, H. (2011). Numerical assessment of the effect of forest structure changes on CO_2 flux footprints for the flux tower in Solling, Germany. *Agricultural and Forest Meteorology, 151*, 746 – 754.

Spanner, M., Pierce, L., Peterson, D. & Running, S. (1990). Remote sensing of temperate coniferous forest leaf area index: the influence of canopy closure, understory vegetation and background reflectance. *International Journal of Remote Sensing, 11*, 95 – 111.

Spurk, J. & Aksel, N. (2006). *Strömungslehre – Einführung in die Theorie der Strömungen*, Band 6, Springer Verlag.

Stiller, J., Frana, K., Grundmann, R., Fladrich, U. & Nagel, W. (2004). A parallel PSPG finite element method for direct simulation of incompressible flow, in: *European Conference on Parallel Computing*, 8 Seiten.

Stoesser, T., Salvador, G., Rodi, W. & Diplas, P. (2009). Large eddy simulation of turbulent flow through submerged vegetation. *Transport in Porous Media, 78*, 347–365.

Stokes, V., Morecroft, M. & Morison, J. (2006). Boundary layer conductance for contrasting leaf shapes in a deciduous broadleaved forest canopy. *Agricultural and Forest Meteorology, 139*, 40 – 54.

Stoy, P., Mauder, M., Foken, T., Marcolla, B., Boegh, E., Ibrom, A., Arain, A., Arneth, A., Aurela, M., Bernhofer, C., Cescatti, A., Dellwik, E., Duce, P., Gianelle, D., van Gorsel, E., Kiely, G., Knohl, A., Margolis, H., McCaughey, H., Merbold, L., Montagnani, L., Papale, D., Reichstein, M., Saunders, M., Serrano-Ortiz, P., Sottocornola, M., Spano, D., Vaccari, F. & Varlagin, A. (2013). A data-driven analysis of energy balance closure across FLUXNET research sites: the role of landscape scale heterogeneity. *Agricultural and Forest Meteorology, 171 – 172*, 137 – 152.

Stuart, J. (1967). On finite amplitude oscillations in laminar mixing layers. *Journal of Fluid Mechanics, 29*, 417 – 440.

Su, H.B., Schmid, H., Vogel, C. & Curtis, P. (2008). Effects of canopy morphology and thermal stability on mean flow and turbulence statistics observed inside a mixed hardwood forest. *Agricultural and Forest Meteorology, 148*, 862 – 882.

Su, H.B., Shaw, R. & U, K. (2000). Two-point correlation analysis of neutrally stratified flow within and above a forest from large-eddy simulation. *Boundary-Layer Meteorology, 49*, 423 – 460.

Su, H.B., Shaw, R., U, K., Moeng, C.H. & Sullivan, P. (1998). Turbulent statistics of neutrally stratified flow within and above a sparse forest from large-eddy simulation and field observations. *Boundary-Layer Meteorology, 88*, 363 – 397.

Sweby, P. (1984). High resolution schemes using flux limiters for hyperbolic conservation laws. *SIAM Journal on Numerical Analysis*, *21*(5), 995 – 1011.

Sypka, P. & Starzak, R. (2013). Simplified, empirical model of wind speed profile under canopy of Istebna spruce stand in mountain valley. *Agricultural and Forest Meteorology*, *171 – 172*, 220 – 233.

Thies, M., Aschoff, T. & Spiecker, H. (2003). Terrestrische Laserscanner im Forst. *AFZ-DerWald*, *22*, 1126 – 1129.

Thom, A. (1975). *Momentum, Mass and Heat Exchange of Plant Communities*, Academic Press, London.

Thomas, C. & Foken, T. (2007). Organised motion in a tall spruce canopy: temporal scales, structure spacing and terrain effects. *Boundary-Layer Meteorology*, *122*, 123 – 147.

Thomas, L., Mili, L., Thomas, E. & Shaffer, C. (2006). Defect detection on hardwood logs using laser scanning. *Wood and Fiber Science*, *38*, 682 – 695.

United Nations, Department of Public Information, Web Services Section (2011). International Year of Forests Launch Ceremony, `www.un.org/en/events/iyof2011/campaign-tools/photographs-videos/launch-ceremony/`, Stand: 29. Juni 2013.

Valentini, R. (Herausgeber) (2003). *Fluxes of Carbon, Water and Energy of European Forests*, Band 163 von *Ecological Studies*, Springer Verlag.

de Villiers, E. (2006). *The potential of large eddy simulation for the modeling of wall bounded flows*, Dissertation, Imperial College of Science, London.

Volis, S. & Bohrer, G. (2013). Joint evolution of seed traits along an aridity gradient: seed size and dormancy are not two substitutable evolutionary traits in temporally heterogeneous environment. *New Phytologist*, *197*, 655 – 667.

van der Vorst, H. (1992). BI-CGSTAB: A fast and smoothly converging variant of Bi-CG for the solution of nonsymmetric linear systems. *SIAM Journal on Scientific Computing*, *13*, 631 – 644.

Vosselman, G. & Maas, H.G. (2010). *Airborne and Terrestrial Laser Scanning*, Whittles Publishing.

Wagner, W., Ullrich, A. & Briese, C. (2003). Der Laserstrahl und seine Interaktion mit der Erdoberfläche. *Österreichische Zeitschrift für Vermessung und Geoinformation, VGI 4/2003*, 223 – 235.

Wang, W. & Yi, C. (2012). A new nonlinear analytical model for canopy flow over a forested hill. *Theoretical and Applied Climatology*, *109*, 549 – 563.

Watanabe, T. (2004). Large-eddy simulation of coherent turbulence structures associated with scalar ramps over plant canopies. *Boundary-Layer Meteorology*, *112*, 307 – 341.

Watanabe, T. (2009). LES study on the structure of coherent eddies inducing predominant perturbations in velocities in the roughness sublayer over plant canopies. *Journal of the Meteorological Society of Japan*, *87*(1), 39 – 56.

Weber, H. & Herziger, G. (1972). *Laser / Grundlagen und Anwendungen*, Physik Verlag.

Weiss, M., Baret, F., Smith, G., Jonckheere, I. & Coppin, P. (2004). Review of methods for in situ leaf area index (LAI) determination Part II. Estimation of LAI, errors and sampling. *Agricultural and Forest Meteorology*, *121*, 37 – 53.

Weller, G., Tabor, G., Jasak, H. & Fureby, C. (1998). A tensorial approach to computational continuum mechanics using object-oriented techniques. *Computers in Physics*, *12*(6), 620 – 631.

Wilson, J. (1988). A second-order closure model for flow through vegetation. *Boundary-Layer Meteorology*, *42*, 371 – 392.

Yang, B., Morse, A., Shaw, R. & U, K.P. (2006*a*). Large-eddy simulation of turbulent flow across a forest edge. Part II: Momentum and turbulent kinetic energy budgets. *Boundary-Layer Meteorology*, *121*, 433 – 457.

Yang, B., Raupach, M., Shaw, R., U, K.P. & Morse, A. (2006*b*). Large-eddy simulation of turbulent flow across a forest edge. Part I: Flow statistics. *Boundary-Layer Meteorology*, *120*, 377 – 412.

Yang, B., Shaw, R. & U, K. (2006*c*). Wind loading on trees across a forest edge: a large eddy simulation. *Agricultural and Forest Meteorology*, *141*, 133 – 146.

Yue, W., Meneveau, C., Parlange, M., Zhu, W., Kang, H. & Katz, J. (2008). Turbulent kinetic energy budgets in a model canopy: comparisons between LES and wind-tunnel experiments. *Environmental Fluid Mechanics*, *8*, 73 – 95.

Yue, W., Parlange, M., Meneveau, C., Zhu, W., van Hout, R. & Katz, J. (2007). Large-eddy simulation of plant canopy flows using plant-scale representation. *Boundary-Layer Meteorology*, *124*, 183 – 203.

Zaïdi, H., Dupont, E., Milliez, M., Musson-Genon, L. & Carissimo, B. (2013). Numerical simulations of the microscale heterogeneities of turbulence observed on a complex site. *Boundary-Layer Meteorology*, *147*, 237 – 259.

Zdunkowski, W., Trautmann, T. & Bott, A. (2007). *Radiation in the Atmosphere: A Course in Theoretical Meteorology*, Cambridge University Press.

Zhang, X. & Nepf, H. (2009). Thermally driven exchange flow between open water and an aquatic canopy. *Journal of Fluid Mechanics*, *632*, 227 – 243.

Symbolverzeichnis

Lateinische Symbole

a	Blattflächendichte
A	Fläche
C_E	Konstante für das Feinstrukturmodell
Co	Courant-Zahl
C_W	Widerstandsbeiwert der Vegetation
C_ν	Konstante für das Feinstrukturmodell
d	Differential
$f(\ldots)$	Funktion
f	Seitenfläche des Kontrollvolumens
f_i	Volumenkraft in Indexnotation
g_i	Erdbeschleunigung in Indexnotation
$G(\ldots)$	Filterfunktion
h	Höhe
h_B	Kronen-, Bestandshöhe
h_0	Zielhöhe für die Anpassung des digitalen Geländemodells
h_1	Ausgangshöhe für die Anpassung des digitalen Geländemodells
k	turbulente kinetische Energie
K	aufgelöste turbulente kinetische Energie
L	Gesamtanzahl aller Standorte des Laserscanners
LAI	Blattflächenindex
$\mathbf{n}$	Normalenvektor
N	Rechenknoten des benachbarten Kontrollvolumens
$\mathbf{N}$	Matrix der normierten Schwankungen
n_{Durch}	Anzahl der Durchschüsse des Laserstrahls in einem Voxel
$\mathbf{N}_{h_B}$	Matrix der normierten Schwankungen für die Kronenhöhe
n_i	Normalenvektor in Indexnotation
N_{ij}	Matrix der normierten Schwankungen in Indexnotation
$n_{Schatten}$	Anzahl der verhinderten Treffer des Laserstrahls in einem Voxel
$n_{Treffer}$	Anzahl der Treffer durch den Laserstrahl in einem Voxel
p	Druck
P	Rechenknoten des betrachteten Kontrollvolumens
P	Reflexionswahrscheinlichkeit eines Voxels für einen spezifischen Standort des Laserscanners
P_{ges}	Reflexionswahrscheinlichkeit eines Voxels auf der Grundlage aller Standorte des Laserscanners
p^*	hydrostatischer Druck
R_{ij}	normierter Reynolds'scher Spannungstensor

S_{ij}	Deformationsgeschwindigkeitstensor oder kurz Deformationstensor
Sk	Schiefe
T	Temperatur
u	Geschwindigkeitskomponente in Strömungsrichtung
$\mathbf{u}$	Geschwindigkeitsvektor
U	normierte Geschwindigkeitskomponente in Strömungsrichtung
$\mathbf{U}$	normierter Geschwindigkeitsvektor
u_i	Geschwindigkeitsvektor in Indexnotation
U_i	normierter Geschwindigkeitsvektor in Indexnotation
u_τ	Schubspannungsgeschwindigkeit
v	Geschwindigkeitskomponente in Querrichtung
V	normierte Geschwindigkeitskomponente in Querrichtung
V	Volumen
w	Geschwindigkeitskomponente in vertikaler Richtung
W	normierte Geschwindigkeitskomponente in vertikaler Richtung
$w(\ldots)$	Gewichtsfunktion
x	kartesische Koordinate in Strömungsrichtung
X	normierte Koordinate in Strömungsrichtung
y	kartesische Koordinate in Querrichtung
Y	normierte Koordinate in Querrichtung
z	kartesische Koordinate in vertikaler Richtung
Z	normierte Koordinate in vertikaler Richtung
z_0	Rauigkeitshöhe

Griechische Symbole

∂	partielles Differential
δ_{ij}	Kronecker-Delta
Δ	Schrittweite
ϵ	Dissipation
ζ	Stabilitätsindex
κ	von-Kármán-Konstante
λ	Verhältnis zweier Längen
ν	kinematische Viskosität
ν_{eff}	effektive Viskosität
ν_r	turbulente Viskosität
ξ	normierte Koordinate
$\mathcal{O}$	Landau'sches Größenordnungssymbol
ρ	Dichte
σ	Standardabweichung
τ	Zeitskala der Dissipation
τ_0	Schubspannung in der Höhe z_0
τ_{ij}	Tensor der Feinstrukturspannungen
ϕ	allgemeine Eigenschaft bzw. Größe
Ψ	Stromfunktion

Indizes

$(\cdot)_f$	an der Seitenfläche des Kontrollvolumens
$(\cdot)_{i,j,k,l}$	Laufvariablen
$(\cdot)_{max}$	maximal
$(\cdot)_{min}$	minimal
$(\cdot)_N$	am Rechenknoten des benachbarten Kontrollvolumens
$(\cdot)_P$	am Rechenknoten des betrachteten Kontrollvolumens
$(\cdot)_{Ref}$	Referenzwert
$(\cdot)_t$	zeitlich
$(\cdot)_u$	der Geschwindigkeit in Strömungsrichtung
$(\cdot)_v$	der Geschwindigkeit in Querrichtung
$(\cdot)_v$	der Vegetation
$(\cdot)_w$	der Geschwindigkeit in vertikaler Richtung
$(\cdot)_x$	in Strömungsrichtung
$(\cdot)_y$	in Querrichtung
$(\cdot)_z$	in vertikaler Richtung
$(\cdot)_\phi$	bezogen auf eine allgemeine Eigenschaft bzw. Größe
$(\cdot)_\Omega$	räumlich
$(\cdot)''$	nicht aufgelöster Anteil
$(\cdot)'$	Abweichung vom Mittelwert bzw. Fluktuation

Weitere Symbole

$\lvert\cdot\rvert$	Betrag
$\langle\cdot\rangle$	Mittelwert
$\overline{(\cdot)}$	aufgelöster bzw. gefilterter Anteil
$\tilde{(\cdot)}$	Integrationsvariable
ℓ	Filterlängenskala

Abkürzungen

AMD	Advanced Micro Devices, Inc.
ATKIS	Amtliches Topographisch-Kartographisches Informationssystem
CFD	Computational Fluid Dynamics
CSIRO	Commonwealth Scientific and Industrial Research Organisation
DGM	Digitales Geländemodell
DHHN92	Deutsches Haupthöhennetz 1992
DNS	Direkte numerische Simulation
DOP	Digitales Orthophoto
engl.	englisch
ETRS89	European Terrestrial Reference System 1989
FIELD	Freilandexperiment
GNU	GNU's Not Unix
HET	Grobstruktursimulation für einen heterogenen Wald mit einer zweidimensionalen Blattflächendichte

HET-3D	Grobstruktursimulation für einen heterogenen Wald mit einer dreidimensionalen Blattflächendichte
HOM	Grobstruktursimulation für einen homogenen Wald mit Lichtung
H-D	mit dem Kopf nach unten (engl. head-down)
H-U	mit dem Kopf nach oben (engl. head-up)
Inc.	Incorporated
Laser	Light amplification by stimulated emission of radiation
LES	Grobstruktursimulation (engl. Large-Eddy Simulation)
Ltd.	Limited
MetOp	Meteorological Operational satellite
Metström	Meteorologie und Strömungsmechanik
MODIS	Moderate Resolution Imaging Spectroradiometer
MPI	Message Passing Interface
n.v.	nicht vorhanden
NOAA	National Oceanic and Atmospheric Administration
OpenFoam	Open Field Operation and Manipulation
PISO	Pressure-Implizit with Splitting of Operators
PT-Scotch	Parallel Threaded Scotch
RANS	Reynolds-gemittelt(e) Navier-Stokes (engl. Reynolds-averaged Navier-Stokes)
REF	Grobstruktursimulation für einen homogenen Wald ohne Lichtung
SI	Système International d'Unités
TurbEFA	Turbulente Austauschprozesse zwischen Waldflächen und der Atmosphäre (engl. Turbulent Exchange Processes between Forested Areas and the Atmosphere)
TVD	Total-Variation-Diminishing
T1 bis T4	Bezeichnung der vier Messtürme im Freilandexperiment
U.S.	United States
UTM	Universal Transverse Mercator
Voxel	Volumetric Pixel